轻松学

 +  + + ℮ = 轻松学

精品图书　　　视频教学　　　海量赠品　　　网络服务

中文版
Photoshop CS4
图像处理

高维杰 ◎ 主编

东南大学出版社

内容简介

本书是《轻松学》系列丛书之一，全书以通俗易懂的语言、翔实生动的实例，全面介绍了中文版Photoshop CS4的使用方法和技巧。本书共分11章，内容涵盖了Photoshop CS4的工作区介绍和图像文件的基本操作，选区的操作，图像的基本编辑操作，绘制工具与图像修饰工具的使用，调整图像文件的颜色和色调，图层的操作，文字的创建与应用，矢量工具的使用与路径的应用，蒙版与通道的编辑操作，滤镜的应用以及综合应用等内容。

本书采用图文并茂的方式，使读者能够轻松上手。全书双栏紧排，双色印刷，同时配以制作精良的多媒体互动教学光盘，让读者学以致用，达到最佳的学习效果。此外，配套光盘中免费赠送海量学习资源库，其中包括3～4套与本书内容相关的多媒体教学演示视频。

本书面向电脑爱好者，是广大电脑初级、中级、家庭电脑用户和老年电脑爱好者的首选参考书。

图书在版编目（CIP）数据

中文版Photoshop CS4图像处理/高维杰主编. —南京：
东南大学出版社，2010.4
（"轻松学"系列）
ISBN 978-7-5641-2181-5

Ⅰ.①中… Ⅱ.①高… Ⅲ.①图形软件，Photoshop CS4
Ⅳ.①TP391.41

中国版本图书馆CIP数据核字（2010）第068901号

中文版Photoshop CS4图像处理

出版发行	东南大学出版社	
社　　址	南京市四牌楼2号（邮编：210096）	
出 版 人	江　汉	
责任编辑	张绍来	
经　　销	全国各地新华书店	
印　　刷	江苏徐州新华印刷厂	
开　　本	787 mm×1 092 mm　1/16	
印　　张	12.75	
字　　数	280	
版　　次	2010年6月第1版	
印　　次	2010年6月第1次印刷	
定　　价	32.00元（含光盘）	

*东大版图书若有印装质量问题，请直接与读者服务部调换，电话：025-83792328。

丛书序

学电脑有很多方法，更有很多技巧。一本好书不仅能让读者快速掌握基本知识、操作方法，还能让读者无师自通、举一反三。为此，东南大学出版社特别为电脑初学者精心打造了品牌丛书——《轻松学》。

本丛书采用全新的教学模式，力求在短时间内帮助读者精通电脑，达到全方位掌握的效果。本丛书挑选了最实用、最精炼的知识内容，通过详细的操作步骤讲解各种知识点，并通过图解教学和多媒体互动光盘演示的方式，让枯燥无味的电脑知识变得简单易学。力求让所有读者都能即学即用，真正做到满足工作和生活的需要。

丛书主要内容

本套丛书涵盖了电脑各个应用领域，包括电脑硬件知识、操作系统、文字录入和排版、办公软件、电脑网络、图形图像等，在涉及到软硬件介绍时选用应用面最广最为常用的版本为主要讲述对象。众多的图书品种，可以满足不同读者的需要。本套丛书主要包括以下品种：

《中文版Windows 7》	《五笔打字与Word排版5日速成》
《电脑入门(Windows XP+Office 2003+上网冲浪)》	《电脑组装·维护·故障排除》
《新手学电脑》	《Office 2007电脑办公速成》
《新手学上网》	《中文版Photoshop CS4图像处理》
《家庭电脑应用》	《Photoshop数码相片处理》
《老年人学电脑》	《网上购物与开店》

丛书写作特色

作为一套面向初中级电脑用户的系列丛书，《轻松学》丛书具有环境教学、图文并茂的写作方式，科学合理的学习结构，简练流畅的文字语言，紧凑实用的版式设计，方便阅读的双色印刷，以及制作精良的多媒体互动教学光盘等特色。

（1）双栏紧排，双色印刷

本套丛书由专业的图书排版设计师精心创作，采用双栏紧排的格式，合理的版式设计，更加适合阅读。在保证版面清新、整洁的前提下，尽量做到不在页面中留有空白区域，最大限度地增加了图书的知识和信息量。其中200多页的篇幅容纳了传统图书400多页的内容。从而在有限的篇幅内为读者奉献更多的电脑知识。

（2）结构合理，循序渐进

本套丛书注重读者的学习规律和学习心态，紧密结合自学的特点，由浅入深地安排章节内容，针对电脑初学者基础知识薄弱的状态，从零开始介绍电脑知识，通过图解完成各种复杂知识的讲解，让读者一学就会、即学即用。真正达到学习电脑知识不求人的效果。

（3）内容精炼，技巧实用

本套丛书中的范例都以应用为主导思想，编写语言通俗易懂，添加大量的"注意事项"

和"专家指点"。其中，"注意事项"主要强调学习中的重点和难点，以及需要特别注意的一些突出问题；"专家指点"则讲述了高手在电脑应用过程中积累的经验、心得和教训。通过这些注释内容，使读者轻松领悟每一个范例的精髓所在。

（4）图文并茂，轻松阅读

本套丛书采用"全程图解"讲解方式，合理安排图文结构，每个操作步骤均配有对应的插图，同时在图形上添加步骤序号及说明文字，更准确地对知识点进行演示。使读者在学习过程中更加直观、清晰地理解和掌握其中的重点。

光盘主要特色

丛书的配套光盘是一张精心制作的DVD多媒体教学光盘，它采用了全程语音讲解、情景式教学、互动练习、真实详细的操作演示等方式，紧密结合书中的内容对各个知识点进行深入的讲解，书盘结合，互动教学，达到无师自通的效果。

（1）功能强大，情景教学，互动学习

本光盘通过老师和学生关于电脑知识的学习展开教学，真实详细的动画操作深入讲解各个知识点，让读者轻松愉快、循序渐进地完成知识的学习。此外，在光盘特有的"模拟练习"模式中，读者可以跟随操作演示中的提示，在光盘界面上执行实际操作，真正做到了边学边练。

（2）操作简单，配套素材一应俱全

本光盘聘请专业人士开发，界面注重人性化设计，读者只需单击相应的按钮，即可进入相关程序或执行相关操作，同时提供即时的学习进度保存功能。光盘采用大容量DVD光盘，收录书中全部实例视频、素材和源文件、模拟练习，播放时间长达20多个小时。

（3）免费赠品，附赠多套多媒体教学视频

本光盘附赠大量学习资料，其中包括3～4套与本书教学内容相关的多媒体教学演示视频。让读者花最少的钱学到最多的电脑知识，真正做到物超所值。

丛书读者对象

本套丛书的读者对象为电脑爱好者，是广大电脑初级、中级、家庭电脑用户和中老年电脑爱好者，或学习某一应用软件的用户的首选参考书。

如果您在阅读图书或使用电脑的过程中有疑惑或需要帮助，可以通过我们的信箱（E-mail：qingsongxue@126.net）联系，本丛书的作者或技术人员会提供相应的技术支持。

前 言

如今，学电脑已经成为不同年龄层次的人群必须掌握的一门技能。为了使读者在短时间内轻松掌握电脑各方面应用的基本知识，并快速解决实际生活中遇到的各种问题，我们组织了一批教学精英和业内专家特别为电脑学习用户量身定制了这套《轻松学》系列丛书。

《中文版Photoshop CS4图像处理》是这套丛书中的一本，该书从读者的学习兴趣和实际需求出发，合理安排知识结构，由浅入深、循序渐进，通过图文并茂的方式讲解了中文版Photoshop CS4的操作方法和技巧。全书共分为11章，主要内容如下：

第1章：介绍了Photoshop CS4的工作区、图像文件基本操作以及辅助工具的应用技巧。

第2章：介绍了在图像文件中创建选区的基本操作，以及编辑选区的方法和技巧。

第3章：介绍了Photoshop CS4中图像文件的常用基本编辑方法和技巧。

第4章：介绍了在Photoshop CS4中图像绘制和修饰工具的使用方法和技巧。

第5章：介绍了Photoshop CS4中调整图像颜色和色调的方法和技巧。

第6章：介绍了Photoshop CS4中图层创建、编辑的方法和技巧。

第7章：介绍了Photoshop CS4中文字的输入、编辑的操作方法。

第8章：介绍了Photoshop CS4中矢量工具的应用，以及路径的编辑操作。

第9章：介绍了Photoshop CS4中蒙版与通道的编辑、应用操作方法和技巧。

第10章：介绍了Photoshop CS4中各种滤镜的操作方法和技巧。

第11章：介绍了Photoshop CS4应用程序的综合应用。

此外，本书附赠一张精心开发的DVD多媒体教学光盘，它采用全程语音讲解、情景式教学、互动练习等方式，紧密结合书中的内容进行深入的讲解。让读者在阅读本书的同时，享受到全新的交互式多媒体教学。光盘附赠大量学习资料，其中包括3~4套与本书内容相关的多媒体教学演示视频。让读者即学即用，在短时间内掌握最为实用的电脑知识，真正达到轻松掌握，学电脑不求人的效果。

除封面署名的作者外，参加本书编写的人员还有王毅、孙志刚、李珍珍、胡元元、金丽萍、张魁、谢李君、沙晓芳、管兆昶、何美英等人。由于作者水平有限，本书难免有不足之处，欢迎广大读者批评指正。我们的联系信箱是qingsongxue@126.net。

《轻松学》丛书编委会

2010年2月

CONTENTS　目录

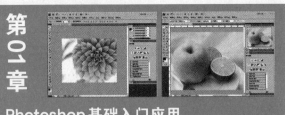

第04章

图像的绘制与修饰

第05章

图像色彩调整

第06章

图层的编辑操作

第07章

文字的编辑操作

第08章

矢量工具与路径

Chapter

01

Photoshop 基础入门应用

Photoshop CS 4是一款功能强大的图像处理软件。本章主要介绍Photoshop CS 4工作界面的使用和设置、辅助工具的应用、图像查看以及基础的文档操作等内容，以便用户可以便利、高效的使用Photoshop CS 4应用程序。

- 设置工作区
- 新建图像文件
- 置入图像文件
- 查看图像
- 使用辅助工具
- 修改画布大小

参见随书光盘

中文版 Photoshop CS4 图像处理

1.1 Photoshop 概述

Adobe Photoshop 是基于 Macintosh 和 Windows 平台运行的、最为流行的图形图像编辑处理应用程序。Photoshop 应用程序一直都以其界面美观、操作便捷、功能齐全的特点，在众多的图像编辑处理软件中高居销量榜首。使用 Photoshop 软件强大的图像修饰和色彩调整功能，可修复图像素材的瑕疵，调整素材图像的色彩和色调，并且可以自由合成多张素材从而获得满意的图像效果。目前市面上看到的各类制作精美的户外广告、店面招贴、产品包装、电影海报以及各种书籍杂志的封面插图等平面作品基本都是使用 Photoshop 软件处理完成的。

1.2 Photoshop 工作界面

启动 Photoshop CS4 应用程序后，打开任意图像文件，其工作界面包括应用程序栏、菜单栏、【工具】面板、选项栏、悬停面板组、文档窗口和状态栏等，下面分别介绍界面中各个部分的功能及其使用方法。

1.2.1 应用程序栏

在 Photoshop CS4 中，采用更为实用的应用程序栏替代了先前版本中的标题栏。在应用程序栏中，用户可以通过单击 Photoshop 图标 ，打开快捷菜单，实现图像文件窗口的最大化、最小化、关闭等操作。单击 Bridge 图标按钮 可以启动 Adobe Bridge 应用程序。另外，通过应用程序栏还可以实现标尺的显示、控制图像文件的缩放及排列、屏幕模式的转换以及工作区的操作等。

1.2.2 菜单栏

菜单栏是 Photoshop 的重要组成部分。Photoshop CS4 应用程序按照功能分类提供了【文件】、【编辑】、【图像】、【图层】、【选择】、【滤镜】、【分析】、【3D】、【视图】、【窗口】和【帮助】11 个命令菜单。单击其中任一个菜单，即会出现一个下拉式菜单。

菜单中，如果命令显示为浅灰色，则表示该命令目前状态为不可执行。命令右方的字母组合代表该命令的键盘快捷键，按下该快捷键即可快速执行该命令，有助于提高工作效率。若命令后面带省略号，则表示执行该命令后，屏幕上将会出现对话框。

1.2.3 【工具】面板

Photoshop【工具】面板中总计有 22 组工具，加上弹出式的工具，则总计达 50 多个。

工具依照功能与用途大致可分为选取和编辑类工具、绘图类工具、修图类工具、路径类工具、文字类工具、填色类工具以及预览类工具。

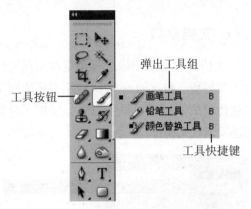

弹出工具组

工具按钮

工具快捷键

【工具】面板底部还有两组工具：【填充颜色控制】用于设置前景色与背景色；【工作模式控制】用来进行标准工作模式和快速蒙版工作模式切换。

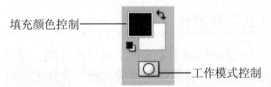

填充颜色控制

工作模式控制

◎ 专家指点 ◎

用鼠标单击【工具】面板中的【工具】按钮图标即可使用该工具。如果某工具按钮右下方有一个三角形符号，则代表该工具还有弹出式工具，单击该工具按钮则会出现一个工具组，将鼠标移动到其中的工具图标上即可使用。按住 Alt 键再点击相应的工具按钮即可切换工具组中不同的工具。

1.2.4 选项栏

选项栏在 Photoshop 应用中具有非常关键的作用，它位于菜单栏的下方，当选中【工具】面板中的任意工具时，选项栏中的选项就会改变成相应工具的属性设置，用户可以很方便地利用它来设置工具的各种属性，它的外观也会随着选取工具的不同而改变。

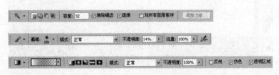

1.2.5 悬停面板组

悬停面板组是 Photoshop CS 4 工作区中非常重要的组成部分，通过该面板组可以完成图像处理时的工具参数设置、图层及路径编辑等操作。

在默认状态下，启动 Photoshop CS 4 应用程序后，常用面板会放置在工作区的右侧。一些不常用面板可以通过选择【窗口】菜单中的相应命令使其显示在操作窗口内。

【例1-1】在 Photoshop CS 4 应用程序中，使用面板。◎视频

01 将鼠标光标放置在【通道】面板标签上，单击鼠标左键并按住不放向左侧面板组区域外拖动，释放鼠标后，【通道】面板成为独立的面板。

02 选择【窗口】|【导航器】命令，打开【导航器】面板。

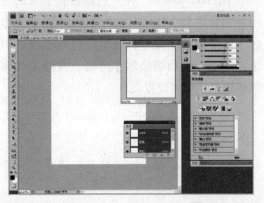

03 鼠标光标移至拆分后的【通道】面板标签上，单击并按住鼠标左键不放将其拖动至【导航器】面板组后的空白选项卡区域，然后释放鼠标左键，则【通道】面板被合并到【导航器】面板组中。

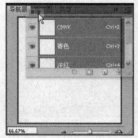

04 单击【信息】面板标签，显示【信息】面板。单击面板右上角的面板菜单按钮，在打开的菜单中选择【关闭】命令，关闭【信息】面板。

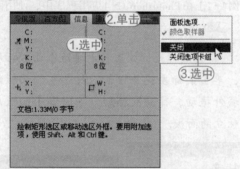

1.2.6 文档窗口

文档窗口是对图像进行浏览和编辑操作的主要场所。Photoshop CS 4 应用程序改变了以往传统的文档窗口显示方式，采用了全新的选项卡式文档窗口。

1.2.7 状态栏

状态栏位于【文件】窗口的底部，用于显示诸如当前图像的缩放比例、文件大小以及有关当前使用工具的简要说明等信息。在最左端的文本框中输入数值，然后按下 Enter 键，可以改变图像窗口显示比例。

| 100% | | 文档:865.6K/865.6K | ▶ |

1.3 设置工作区

在 Photoshop CS 4 中，提供了多种不同功能的预置工作区。

1.3.1 自定义工作区

在 Photoshop 中，用户可以根据个人的使用习惯自定义工作区。选择【窗口】|【工作区】命令中的子菜单，或是在应用程序栏中单击【工作场所切换器】按钮，在弹出的菜单中选择工作区设置命令。

【例1-2】在 Photoshop CS 4 应用程序中存储自定义工作区。 视频

01 在 Photoshop CS 4 应用程序中，选择

菜单栏中的【窗口】|【导航器】命令，显示【导航器】面板。

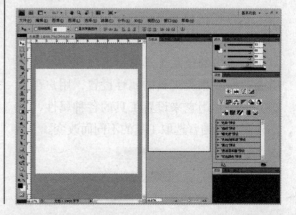

⑫ 在【导航器】面板上单击并按住鼠标左键将其拖动至右侧悬停面板组中。

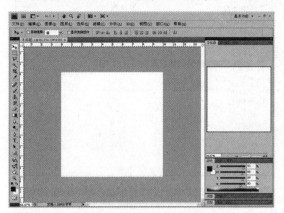

⑬ 单击【调整】面板右上角的面板菜单按钮，在弹出的菜单中选择【关闭选项卡组】命令。

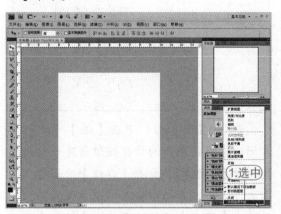

⑭ 选择【窗口】|【工作区】|【存储工作区】命令，打开【存储工作区】对话框。在对话框的【名称】文本框中输入"我的工作区"，然后单击【存储】按钮。

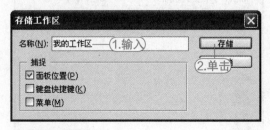

注意事项

【窗口】|【工作区】|【删除工作区】命令用于删除已存储的自定义工作区。

1.3.2　自定义菜单、快捷键

如果经常使用一些菜单命令或工具，用户可以通过【编辑】|【菜单】或【键盘快捷键】命令，将菜单命令定义为不同颜色，或自定义快捷键。

【例1-3】在 Photoshop CS4 应用程序中自定义菜单和快捷键。 视频

⑪ 在 Photoshop CS4 应用程序中，选择菜单栏中的【编辑】|【菜单】命令，打开【键盘快捷键和菜单】对话框。在【应用程序菜单命令】列表中单击【文件】菜单前的三角形图标，打开【文件】菜单命令列表。

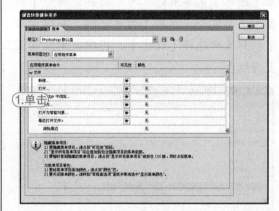

⑫ 在【文件】菜单命令列表中，选中【新建】命令，单击【颜色】栏，在弹出的下拉列表中选择【红色】，将该菜单颜色设置为红色。使用相同的方法设置【打开】命令。

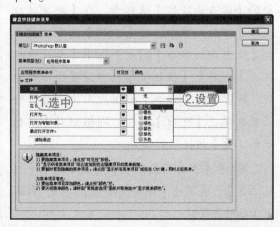

5

03 选中【存储】命令，单击【颜色】栏，在弹出的下拉列表中选择【黄色】。

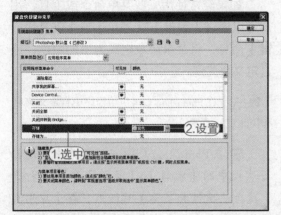

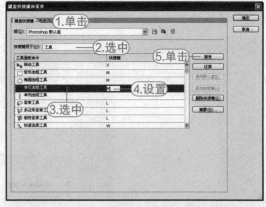

04 在【应用程序菜单命令】列表中单击【图像】菜单前的三角形图标，选中【调整】菜单命令，单击【颜色】栏，在弹出的下拉列表中选择【红色】，将该菜单颜色设置为红色。

设置完成后，单击【组】下拉列表右侧的【根据当前的快捷键组创建一组新的快捷键】按钮，打开【存储】对话框，在【文件名】文本框中输入"用户设置"，然后单击【保存】按钮。再单击【键盘快捷键和菜单】对话框中的【确定】按钮关闭对话框。

05 单击【键盘快捷键和菜单】对话框中的【键盘快捷键】选项卡。在【快捷键应用于】下拉列表中选择【工具】选项。接着在【工具面板命令】列表中选中【单行选框工具】，并在【快捷键】栏中设置快捷键为M，然后单击【接受】按钮应用快捷键。如果此时单击【还原】按钮，即撤销对【单行选框工具】快捷键的设置。

06 在【工具面板命令】列表中选中【红眼工具】，并单击【删除快捷键】按钮，取消该工具的快捷键。

在设置键盘快捷键时，如果该快捷键已经被使用或禁用该种组合的按键方式，会在【键盘快捷键和菜单】对话框的下方区域中显示警告文字信息进行提醒。

1.4 数字图像基础

在电脑中，图像都是以数字的方式进行记录和存储的，其大致可分为矢量图像和位图图像两种。这两种图像类型有着各自的优点，在处理编辑图像文件过程中，经常交叉使用。

1.4.1 位图与矢量图

矢量图像也可以叫做向量式图像，顾名思义，它是以数学的方法记录图像的内容。其记录的内容比较少，以线条和色块为主。由于不需要记录每一个点的颜色和位置等，所以它的文件容量比较小。矢量图像很容易进行放大、旋转等操作，且不易失真，精确度较高，所以在一些专业图形软件中应用较多。但同时，正是由于上述原因，这种图像类型不适于制作一些色彩变化较大的图像，且由于不同软件的存储方法不同，其在不同软件之间的转换也有一定的困难。制作矢量图像的软件很多，如FreeHand、Illustrator、AutoCAD等。

位图图像是由许多点组成的，其中每一个点即为一个像素，而每一像素都有明确的颜色。Photoshop 和其他绘画及图像编辑软件产生的图像基本上都是位图图像，但在 Photoshop 新版本中集成了矢量绘图功能，因而拓展了用户的创作空间。

位图图像与分辨率有关，如果在屏幕上以较大的倍数放大显示，或以过低的分辨率打印，位图图像会出现锯齿状的边缘，丢失细节。但是，位图图像弥补了矢量图像的某些缺陷，它能够制作出颜色和色调变化丰富的图像，同时也可以很容易在不同软件之间进行交换，但位图文件容量较大，对内存和硬盘的要求较高。

1.4.2 像素与分辨率

图像文件在显示器上的显示大小取决于图像文件的像素大小、显示器的大小和显示分辨率的设置。

【像素】是用于记录图像的基本单位，其形状为正方形，并且具有颜色属性。位图图像的像素大小（图像大小或高度、宽度）是指沿图像的宽度和高度测量出的像素数目。

分辨率是图像的一个重要基本概念。它是指位图图像中细节的精细度，测量单位是像素/英寸（ppi）。每英寸的像素越多，分辨率越高。一般来说，图像的分辨率越高，得到的印刷图像的质量就越好。但分辨率的种类有很多，其含义也各有不同。正确理解分辨率在不同情况下的具体含义，弄清不同表示方法之间的相互关系，是至关重要的。

1. 图像分辨率

图像分辨率是指每英寸图像含有多少个点或者像素，这种分辨率的单位为点/英寸（dpi），例如600dpi指每英寸图像含有600个点或者像素。在Photoshop中也可以用厘米来计算分辨率，当然计算得出的分辨率数值是不同的，比以dpi为单位计算出的分辨率要小得多。

分辨率的大小同图像的质量息息相关。分辨率越高，图像就越清晰，产生的文件容量也就越大，编辑处理时所占用的内存和消耗的CPU资源也就越多。因此，在处理图像时，最好根据实际情况设置不同的分辨率，这样才能减少损失，做到恰到好处。通常在打印输出时，图像的分辨率要调得高一些；而在浏览的时候，就可以调得低一些。

2. 设备分辨率

设备分辨率也称为输出分辨率，指的是各类输出设备每英寸上产生的点数，如显示器、喷墨打印机、激光打印机和绘图仪的分辨率。这种分辨率也是通过dpi来衡量。目前，计算机显示器的设备分辨率在60~120dpi之间，而打印设备的分辨率则在360~1440dpi之间。

3. 屏幕分辨率

屏幕分辨率是指打印灰度级图像或分色所用的网屏上每英寸的点数，它是用每英寸上有多少行来测量的。

4. 扫描分辨率

扫描分辨率是指在扫描一幅图像之前所设定的分辨率，它将影响扫描所生成的图像文件的质量和使用性能，并决定图像将以何种品质显示或打印。如果扫描图像用于640×480像素的屏幕显示，则扫描分辨率一般不必大于显示器屏幕的设备分辨率，即一般不用超过120dpi。但在大多数情况下，扫描图像是为了在高分辨率的设备中输出，如果图像扫描分辨率过低，会导致输出的效果非常粗糙；反之，如果扫描分辨率过高，则扫描生成的数据将会产生超出打印所需的信息，这不但会减慢打印速度，而且在打印输出时会使图像色调的细微过渡丢失。

1.5 新建图像文件

启动Photoshop CS 4应用程序后，用户还不能在工作区中进行任何编辑操作。因为Photoshop的所有编辑操作都是在文档窗口中完成的，要进行编辑操作就需要新建图像文件。选择菜单栏中的【文件】|【新建】命令，或按快捷键Ctrl+N打开【新建】对话框，在对话框中进行设置即可根据需求创建新的图像文件。

【例1-4】在Photoshop CS 4应用程序中，新建图像文件。 ◇视频

01 启动Photoshop应用程序，选择菜单栏中的【文件】|【新建】命令，或按快捷键Ctrl+N，打开【新建】对话框。

02 在对话框的【名称】文本框中输入"新图像"，在【宽度】单位下拉列表中选中【毫米】，在【宽度】数值框中设置数值为100，【高度】数值框中设置数值为100。

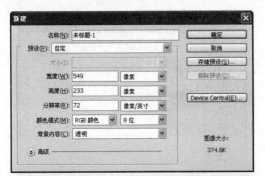

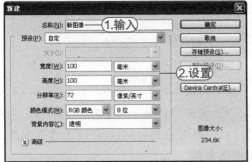

03 在【分辨率】数值框中设置数值为150，在【颜色模式】下拉列表中选择【CMYK颜色】，在【背景内容】下拉列表中选择【白色】。

04 单击【存储预设】按钮，打开【新建文档预设】对话框，然后单击【确定】按钮

关闭【新建文档预设】对话框。此时，单击【新建】对话框的【预设】下拉列表可以看到刚存储的文档预设。单击【确定】按钮关闭【新建】对话框，新文档创建成功。

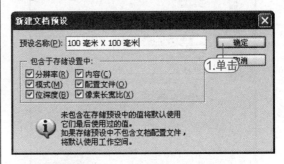

◎注意事项◎

单击对话框中的 ⊗ 按钮可以显示隐藏的高级选项：【颜色配置文件】和【像素长宽比】。在【颜色配置文件】下拉列表中可以为文件选择一个颜色配置文件；在【像素长宽比】下拉列表中可以选择像素的长宽比。一般情况下保持默认设置。

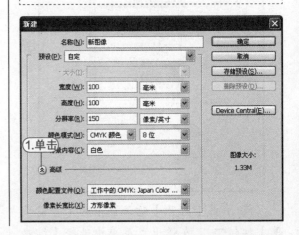

1.6 打开图像文件

在Photoshop CS4中，要打开已有的图像文件，可以选择菜单栏中的【文件】|【打开】命令或按快捷键Ctrl+O，也可以双击工作区中的空白区域，然后在打开的【打开】对话框选择需要打开的图像文件。

【例1-5】在Photoshop CS4应用程序中，打开已有图像文件。◎视频+◎素材

01 启动Photoshop CS4应用程序，选择

菜单栏中的【文件】|【打开】命令，打开【打开】对话框。

02 在对话框中，在【查找范围】下拉列

表框中，可以选择需要打开的图像文件的位置。

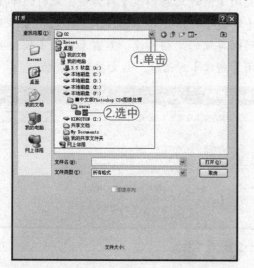

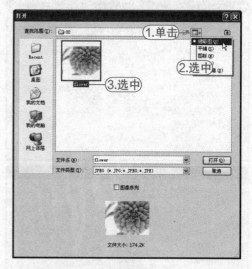

③ 在【文件类型】下拉列表框中选择要打开的图像文件的格式类型。本例选中 JPEG 格式。

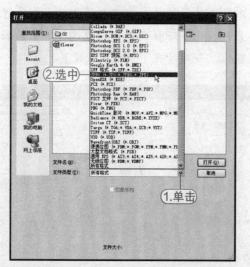

④ 单击【打开】对话框中的【查看菜单】按钮 ▦ ，在弹出式菜单中选择【缩略图】选项改变文件列表显示方式，然后单击选中要打开的图像文件。

⑤ 单击对话框中的【打开】按钮，关闭对话框，此时在 Photoshop CS4 工作区中显示有图像文件。

─（**专家指点**）─

用户可以在【打开】对话框的文件列表框中按住 Shift 键选择连续排列的多个图像文件，或是按住 Ctrl 键选择不连续排列的多个图像文件，然后单击【打开】按钮在文档窗口中依次打开。

1.7 置入图像文件

Photoshop CS4 的置入文件功能可以实现其与其他图像编辑软件之间的数据交互。选择【文件】|【置入】命令，在打开的【置入】对话框中，用户可以选择将 AI、EPS 或 PDF 等文件格式的图像文件导入至 Photoshop CS4 应用程序的当前图像文件窗口中。

【例1-6】在新建图像文件中，置入*.ai格式的图像文件。◎视频+◎素材

① 启动 Photoshop CS 4 应用程序，选择【文件】|【新建】命令，打开【新建】对话框，在【预设】下拉列表中选择【100 毫米×100 毫米】，然后单击【确定】按钮新建图像文件。

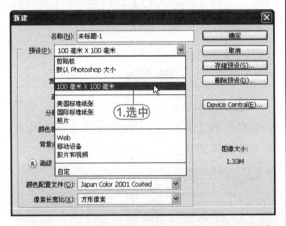

② 选择【文件】|【置入】命令，打开【置入】对话框，在【查找范围】下拉列表中选择ai格式文件所在的位置，然后选中需要置入的ai格式图像文件。

③ 单击【置入】按钮打开【置入 PDF】对话框。在对话框的【缩览图大小】下拉列表中选择【大】，然后单击【确定】按钮。

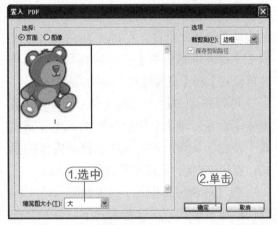

④ 置入图形文件后，将光标放置在图形上，按住鼠标左键拖动，可以调整置入图形的位置。将光标放置在置入图形的边框上，当光标变为双向箭头时，按住快捷键Shift+Alt拖动鼠标，可以按比例放大/缩小置入的图形。

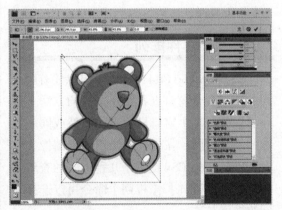

⑤ 置入图形调整完成后，按Enter键将图形嵌入到图像文件中。

1.8　查看图像

在编辑处理图像的过程中，需要对编辑的图像频繁的进行放大、缩小、移动显示的区域等操作。为此，Photoshop CS 4 提供了多种屏幕模式用于调整工作区的显示；还提供了不同的查看、缩放工具，供用户根据查看图像的需要自由选择。

1.8.1 屏幕模式分类

可以使用不同的屏幕模式查看图像，可以在工作界面中显示或隐藏菜单栏、标题栏和滚动条等不同组件。在 Photoshop CS4 中提供了【标准屏幕模式】、【带有菜单栏的全屏幕模式】和【全屏模式】3种屏幕模式。

可以在菜单栏中选择【视图】|【屏幕模式】命令；单击应用程序栏上的【屏幕模式】按钮，从弹出式菜单中选择所需要的模式；直接按F键，在屏幕模式间进行切换。

🔲 【标准屏幕模式】：为 Photoshop CS4 默认的显示模式。在这种模式下将显示全部的工作界面组件。

🔲 【带有菜单栏的全屏幕模式】：显示带有菜单栏和50%灰色背景，隐藏标题栏和滚动条的全屏窗口。

🔲 【全屏模式】：在工作界面中，显示只有黑色背景的全屏窗口，隐藏标题栏、菜单栏和滚动条。

1.8.2 图像文件排列

在 Photoshop CS4 中提供了与以往有所不同的通过多个窗口查看图像文件的方法。用户可以打开多个窗口显示不同图像或同一图像的不同视图。在打开多幅不同的图像文件时，Photoshop CS4 提供了几种形式的查看方法。通过【窗口】|【排列】命令可以选择不同的排列方式。

🔲 【层叠】：该命令可以从屏幕的左上角到右下角以堆叠和层叠方式显示未悬停放置的图像文件窗口。

🔲 【平铺】：该命令可以以边靠边的方式显示窗口。当关闭一个图像文件时，其他打开的图像文件窗口将调整大小以填充可用空间。

🔲 【在窗口中浮动】：该命令允许图像

文件自由浮动在工作区中。

🔲 【使所有内容在窗口中浮动】：该命令可以使所有图像文件窗口浮动。

🔲 【将所有内容合并到选项卡中】：该命令可以将一个图像文件全屏显示，其他图像文件将最小化到选项卡中。

除了使用菜单命令外，还可以单击应用程序栏中的【排列文档】按钮📧▾打开弹出式面板，选择需要的文档排列形式。

【例1-7】在 Photoshop CS4 应用程序中，排列打开的多幅图像文件。⊘视频➕🗎素材

🔟 在 Photoshop CS4 应用程序中，选择菜单栏中的【文件】|【打开】命令，选择打开多幅图像文件。

🔟 选择菜单栏中的【窗口】|【排列】|【使所有内容在窗口中浮动】命令。

🔟 在工作区的应用程序栏中单击【排列文档】按钮，在弹出的下拉面板中单击【三

联】按钮。

1.8.3 使用【缩放】工具

使用【缩放】工具可放大或缩小图像。使用【缩放】工具时，每单击一次都会以单击的点为中心将图像放大或缩小到下一个预设百分比。

【例1-8】在 Photoshop CS4 应用程序中，使用【缩放】工具查看图像。◎视频＋◎素材

⓵ 在 Photoshop CS4 应用程序中，选择菜单栏中的【文件】|【打开】命令，选择打开一幅图像文件。

◇ 专家指点

选择【缩放】工具后，按住 Alt 键可将【缩放】工具切换到缩小状态，此时单击可缩小窗口的显示比例。

⓶ 选择【工具】面板中的【缩放】工具，并单击选项栏中的【实际像素】按钮。

⓷ 单击选项栏中的【缩小】按钮，然后在图像画面中单击。

⓸ 单击选项栏中的【放大】按钮，在图像画面中单击并按住鼠标拖动出一个矩形框。然后释放鼠标，此时会放大显示框选区域。

◇ 专家指点

在菜单栏的【视图】命令中，同样可以调整图像文件的显示比例。

1.8.4 使用【抓手】工具

当图像文件放大到在文档窗口中只能够显示局部时，可以选择【抓手】工具，在图像文件中按住鼠标左键拖动，以移动图像画面进行查看。

如果已经选择其他的工具，则可以按住空格键切换到【抓手】工具。

【例1-9】在Photoshop CS4应用程序中，使用【抓手】工具查看图像。 📀视频+📄素材

⓵ 在 Photoshop CS 4应用程序中，选择【文件】|【打开】命令选择打开多幅图像文件，并选择【窗口】|【排列】|【平铺】命令排列图像文件。

⓶ 在【工具】面板中选择【缩放】工具，在选项栏中选中【缩放所有窗口】复选框，然后在图像画面中单击并按住鼠标左键拖动出一个矩形框，释放鼠标，以放大显示框选区域。

⓷ 选择【工具】面板中的【抓手】工

具，在选项栏中选中【滚动所有窗口】复选框，然后在一幅图像文件中单击并按住鼠标左键拖动，以查看图像不同区域。

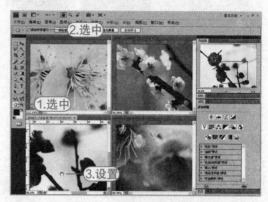

1.8.5 使用【导航器】面板

【导航器】面板不仅可以方便地对图像文件在窗口中的显示比例进行调整，而且还可以对图像文件的显示区域进行移动选择。选择【窗口】|【导航器】命令，可以在工作界面中显示【导航器】面板。

【例1-10】在Photoshop CS 4应用程序中，使用【导航器】面板查看图像。 📀视频+📄素材

⓵ 在 Photoshop CS 4应用程序中，选择【文件】|【打开】命令，选择打开一幅图像文件。

⓶ 选择【窗口】|【导航器】命令，打开【导航器】面板。在【导航器】面板的缩放数值框中显示了窗口的显示比例，输入数值可以改变显示比例。

⓷ 在【导航器】面板中单击【放大】按钮

放大窗口的显示比例。

光标会变为状。左键单击并拖动鼠标可以移动画面，代理预览区域内的图像会显示在文档窗口的中心。

④ 当窗口中不能显示整幅图像时，将光标移至【导航器】面板的代理预览区域，此时

1.9 辅助工具

辅助工具的主要作用是辅助进行图像编辑处理操作。利用辅助工具可以提高操作的精确程度，提高工作效率。在 Photoshop CS4 中可以利用标尺、参考线和网格等工具来完成辅助操作。

1.9.1 标尺

标尺可以帮助用户准确地定位图像或元素的位置。选择【视图】|【标尺】命令或按快捷键 Ctrl+R，可以在图像文件窗口的顶部和左侧分别显示水平和垂直标尺。

【例1-11】在 Photoshop CS4 应用程序中，使用并设置标尺。◎视频+▣素材

① 在 Photoshop CS4 应用程序中，选择【文件】|【打开】命令，打开一幅图像文件。

② 选择【视图】|【标尺】命令，或按下

快捷键 Ctrl+R 显示标尺。此时，移动光标，标尺内的标记会显示光标的精确位置。

━━●注意事项●━━

定位原点的过程中，按住 Shift 键可以使标尺的原点与标尺的刻度记号对齐。

③ 默认情况下，标尺的原点位于窗口的左上角，修改原点的位置，可从图像上的特定位置开始测量。将光标放置在原点上，单击并按下鼠标向右下方拖动，画面中会显示十字线。将十字线拖动到需要的位置，然后释放鼠标将定义原点的新位置。

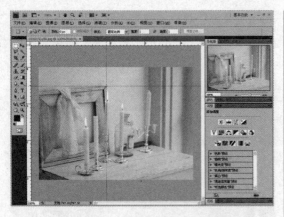

04 将光标放在默认的原点位置上，双击鼠标即可将原点恢复到默认位置。

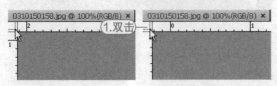

05 双击标尺，打开【首选项】对话框，修改标尺的测量单位。在【标尺】下拉列表中选择【毫米】选项，然后单击【确定】按钮应用。

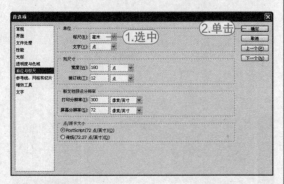

1.9.2 参考线

参考线是显示在图像文件上方的、不会被打印出来的线条，可以帮助用户定位图像。

【例1-12】在 Photoshop CS4 应用程序中，创建参考线。 ⊘视频+⊗素材

01 在 Photoshop CS4 应用程序中，选择【文件】|【打开】命令，选择打开一幅图像文件。

02 将光标放在水平标尺上，单击并向下拖动出水平参考线。

03 将光标放在垂直标尺上，单击并向右拖动出垂直参考线。

◎ 注意事项 ◎

选择【视图】|【锁定参考线】命令可以锁定参考线的位置，以防止参考线被移动。取消选中命令的即可取消锁定。

04 选择【工具】面板中的【移动】工具，

将光标放在创建的参考线上会变为◆▶形状，此时单击左键并拖动鼠标可以移动参考线。

⑤ 选中参考线，将其拖回标尺，可以将其删除。如果要删除所有参考线，可选择【视图】|【清除参考线】命令。

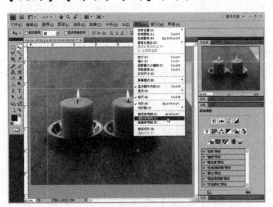

⑥ 选择【视图】|【新建参考线】命令，打开【新建参考线】对话框，在对话框中输入数值，可以在指定位置创建参考线。本例选中【水平】单选按钮，在【位置】数值框中输入1厘米，然后单击【确定】按钮创建水平参考线。

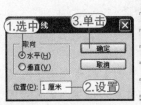

⑦选中【垂直】单选按钮，在【位置】数值框中输入1厘米，然后单击【确定】按钮创建垂直参考线。

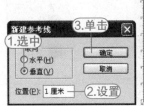

1.9.3 网格

默认情况下，网格显示为不可打印的线条或网点。网格对于对称布置的图像、图形的绘制十分有用。选择【视图】|【显示】|【网格】命令，或按快捷键Ctrl+'可以在当前打开的文件窗口中显示网格。

【例1-13】在Photoshop CS 4应用程序中，使用并设置网格。◇视频+②素材

① 在Photoshop CS 4应用程序中，选择【文件】|【打开】命令，选择打开一幅图像文件。

② 选择【视图】|【显示】|【网格】命令，显示网格。显示网格后，选择【视图】|【对齐到】|【网格】命令启动对齐功能。

③ 选择【编辑】|【首选项】|【参考线、网格和切片】命令，打开【首选项】对话框。

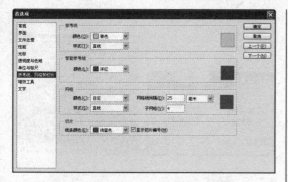

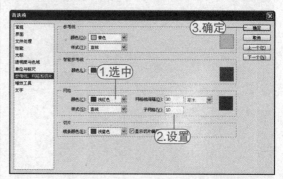

隔】数值框中输入数值30毫米，在【子网格】数值框中输入数值10，单击【确定】按钮，应用网格首选项设置。

⑭ 在【首选项】对话框的【网格】选项区域中单击【颜色】下拉列表，在弹出的菜单中选择【浅红色】选项。在【网格线间

1.10 修改画布大小

画布是指图像文件可编辑的区域。选择【图像】|【画布大小】命令可以增大或减小图像的画布大小。增大图像的画布大小会在现有图像画面周围添加空间；减小图像的画布大小会裁剪图像画面。

【例1-14】在Photoshop CS 4应用程序中，修改画布大小。◎视频+◎素材

⑪ 选择菜单栏中的【文件】|【打开】命令，在【打开】对话框中选中一个图像文件，然后单击【打开】按钮打开图像文件。

⑫ 选择菜单栏中的【图像】|【画布大小】命令，可以打开【画布大小】对话框。

⑬ 在【画布大小】对话框中，上部显示了图像文件当前的宽度和高度。通过在【新建大小】选项区域中重新设置，可以改变图像文件的宽度、高度和度量单位。本例将【宽度】和【高度】数值框中的数值各增

加1厘米。

⑭ 在【定位】选项中，单击要减少或增加画面方向的按钮，可以使图像文件按设置的方向对图像画面进行删减或增加。本例不做修改。在【画布扩展颜色】下拉列表中选择【黑色】。

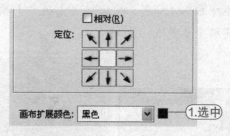

⑮ 设置完成后，单击【画布大小】对话框中的【确定】按钮即可应用设置，完成对图像文件大小的调整。

注意事项

如果减小画布大小，会弹出一个询问对话框，提示用户若要减小画布必须对原图像文件进行裁切，单击【继续】按钮将改变画布大小，同时裁剪掉部分图像。

1.11 修改图像大小

更改图像的像素大小不仅会影响图像在屏幕上的大小，还会影响图像的质量及其打印。在 Photoshop CS4 中，可以选择菜单栏中的【图像】|【图像大小】命令，打开【图像大小】对话框来调整图像的像素大小、打印尺寸和分辨率。对话框的【像素大小】区域中的【宽度】和【高度】是以像素来描述当前图像文件的大小的。

【例1-15】在 Photoshop CS 4 应用程序中，修改图像大小。 视频+素材

01 选择菜单栏中的【文件】|【打开】命令，在【打开】对话框中选中一幅图像文件，然后单击【打开】按钮打开。

02 选择菜单栏中的【图像】|【图像大小】命令，打开【图像大小】对话框。在对话框中，将【像素大小】选项区中的【宽度】设置为800像素，然后单击【确定】按钮应用对图像的调整。

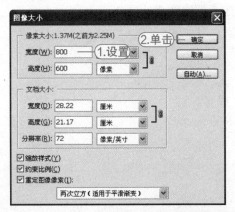

1.12 存储文件

新建或打开图像文件后，对图像编辑完毕或在编辑过程中随时对编辑的图像文件进行存储，可以避免因意外情况造成的不必要的损失。第一次存储的图像文件可以选择【文件】|【存储】命令，在打开的【存储为】对话框中指定保存位置、保存的文件名和文件类型。对已存储的图像文件进行编辑后，若想要将修改部分保存到原文件中，也可以选择【文件】|【存储】命令，或按快捷键Ctrl+S。

【例1-16】存储编辑后的图像文件。 视频

01 编辑完成【例 1-6】图像文件后，选择菜单栏中的【文件】|【存储】命令，打开【存储为】对话框。

02 在对话框的【文件名】文本框中输入文本"例2-3"，在【格式】下拉列表中选择*.psd格式，然后单击【保存】按钮。

03 在弹出的【Photoshop格式选项】对话框中单击【确定】按钮，存储图像文件。

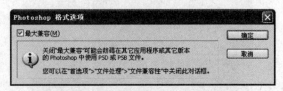

专家指点

如果想对编辑后的图像文件以其他文件格式或文件路径进行存储，可以选择【文件】|【存储为】命令，打开【存储为】对话框进行设置。在【格式】下拉列表框中选择新的图像文件的格式，然后单击【保存】按钮。

1.13 关闭文件

同时打开几个图像文件窗口会占用一定的屏幕空间和系统资源。因此，在文件使用完毕后，应关闭不需要的窗口。选择【文件】|【关闭】命令，单击需要关闭的图像文件窗口选项卡上的【关闭】按钮，按快捷键Ctrl+W可以关闭当前图像文件窗口；按快捷键Alt+Ctrl+W将关闭全部图像文件窗口。

Chapter

02

图像选区操作

对选区的操作是图像处理的基本技巧。在 Photoshop 中可以通过创建选区对图像进行填充、移动、复制、变换等编辑操作。本章主要介绍创建选区的工具及命令的使用、选区的编辑和填充等内容。

■ 创建选区
■ 编辑选区
■ 填充选区

参见随书光盘

2.1 创建选区

选区在Photoshop图像文件的编辑处理过程中有着非常重要的作用。选区表现为由浮动虚线组成的封闭区域。当图像文件窗口中存在选区时，用户进行的编辑或绘制操作都将只影响选区内的图像，而对选区外的图像无任何影响。

2.1.1 使用规则形状选框工具

在Photoshop中提供了一组创建规则形状选区的选框工具。这组工具包括【矩形选框】工具■■、【椭圆选框】工具○、【单行选框】工具■■和【单列选框】工具■。

【例2-1】在Photoshop CS4应用程序中，使用规则形状选框工具创建选区。◆视频＋■素材

---

01 在Photoshop CS4应用程序中，选择菜单栏中的【文件】|【打开】命令，选择打开一幅图像文件。

02 选择【工具】面板中的【单行选框】工具，在图像画面中单击创建高度为1像素的选区。

03 选择【单列选框】工具，按住Shift键在画面中单击，添加宽度为1像素的选区。

04 在【色板】面板中单击绿色，将前景色设置为绿色，并按下快捷键Alt+Delete，在选区内填充前景色，然后按下快捷键Ctrl+D取消选区。

05 选择【矩形选框】工具，在选项栏中单击【添加到选区】按钮，在【样式】下拉列表中选择【固定比例】选项，然后在画面中单击并向右下角拖动鼠标，释放鼠标即创建了一个矩形选区。

06 按下快捷键Alt+Delete，在选区内填充前景色，按下快捷键Ctrl+D取消选区。

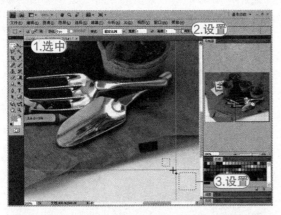

◯专家指点◯

【矩形选框】和【椭圆选框】工具操作方法相同。在选取过程中，按住Shift键，可以创建正方形或圆形的选区；按住Alt键，可以以起点为中心创建选区；按住快捷键Shift+Alt，可以创建以起始点为中心点的正方形或圆形的选区。

2.1.2 使用套索工具

对于不规则选区的选取，可以通过Photoshop中的套索工具组完成。

🔷【套索】工具：以手动方式拖动光标创建选区，即根据光标的移动轨迹创建选区。该工具特别适用于对选取要求精度不高的小区域添加或减少选区的操作。

🔷【多边形套索】工具：通过绘制多个直线段并连接，最终闭合线段区域创建选区。该工具适用于对精度有一定要求的操作。

🔷【磁性套索】工具：通过对画面中颜色的对比，自动识别对象的边缘，绘制出由连接点形成的连接线段，最终闭合线段区域创建选区。该工具特别适用于创建与背景对比强烈且边缘复杂的对象选区。

【例2-2】使用【磁性套索】工具，在图像文件中创建选区。◈视频＋◈素材

◯1 在 Photoshop CS4 应用程序中，选择菜单栏中的【文件】|【打开】命令，选择打开一幅图像文件。

◯2 选择【工具】面板中的【磁性套索】工具。在选项栏中，【宽度】用于指定检测的宽度，即在鼠标拖动过程中，在光标两侧指定范围内检测与背景反差最大的边缘，在【宽度】数值框中输入像素值为5 px。【对比度】指定套索工具对图像边缘的灵敏度，较高的数值将只检测与周边对比鲜明的边缘，较低的数值将检测与周边对比不明显的边缘，在【对比度】数值框中输入5%。【频率】指定套索工具以设置节点的频度，较高的数值会较快地固定选区边框，在【频率】数值框中输入60。

◯3 设置完成后，在图像文件中单击创

建起点，然后沿图像文件中花卉图像的边缘拖动鼠标，自动创建路径。当鼠标回到起点位置时，套索工具旁出现标志，此时，单击鼠标即可以闭合路径创建选区。

2.1.3 使用【快速选择】工具

【快速选择】工具利用可调整的圆形画笔笔尖快速绘制选区。拖动时，选区会向外扩展并自动查找和跟随图像中定义的边缘。

【例2-3】使用【快速选择】工具，在图像文件中创建选区。●视频+●素材

① 启动 Photoshop CS 4 应用程序，选择菜单栏中的【文件】|【打开】命令，打开一幅图像文件。

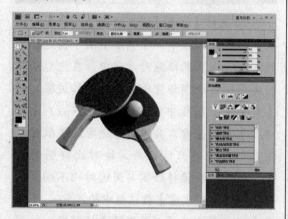

② 选择【快速选择】工具，单击选项栏中的【画笔】按钮，在打开的弹出式面板中设置【直径】数值为40 px。直接拖动直径滑块，也可以更改【快速选择】工具的画笔笔尖大小。

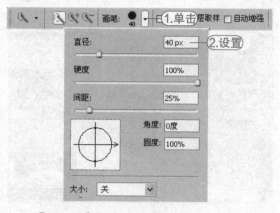

③ 使用【快速选择】工具，在图像文件的背景区域中拖动创建选区。

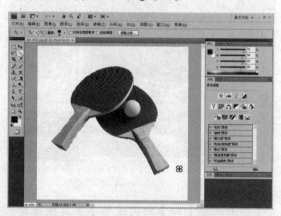

④ 按Delete键删除选区内图像，并按快捷键Ctrl+D取消选区。

2.1.4 使用【魔棒】工具

【魔棒】工具是根据颜色分布情况创建选区的。只需要在要操作的颜色上单击，Photoshop CS 4 就会自动将图像中包含单击位

置颜色的部分作为选区进行创建。

【例2-4】使用【魔棒】工具，在图像文件中创建选区。〖视频+素材〗

01 在 Photoshop CS 4 应用程序中，选择菜单栏中的【文件】|【打开】命令，选择打开一幅图像文件。

02 选择【工具】面板中的【魔棒】工具，在选项栏中设置【容差】数值为30。然后使用【魔棒】工具在图像画面背景中单击，创建选区。

2.1.5 使用【色彩范围】命令

【色彩范围】命令可以选择现有选区或整个图像内指定的颜色或色彩范围，它比【魔棒】工具更加准确。选择菜单栏中的【选择】|【色彩范围】命令，可以打开【色彩范围】对话框。

【例2-5】使用【色彩范围】命令创建选区，并调整选区内图像颜色。〖视频+素材〗

01 在 Photoshop CS 4 应用程序中，选择菜单栏中的【文件】|【打开】命令，选择打开一幅图像文件。

02 选择菜单栏中的【选择】|【色彩范围】命令，打开【色彩范围】对话框。在【颜色容差】数值框中输入200，在【选区预览】下拉列表中选择【快速蒙版】选项，然后使用【吸管】工具在图像文件中单击。单击【确定】按钮，关闭对话框。这时在图像文件中创建了选区。

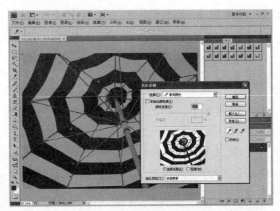

03 选择【图像】|【调整】|【色相/饱和度】命令，打开【色相/饱和度】对话框。在对话框中，选中【着色】复选框，拖动【色相】滑块至70，拖动【饱和度】滑块至100，然后单击【确定】按钮，应用对选区内图像颜色的调整。按快捷键Ctrl+D取消选区。

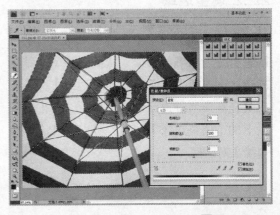

2.2 编辑选区

Photoshop中提供了多种工具、命令实现选区的创建。然而在实际应用中，一些复杂对象的选区也可以在对其进行编辑调整后创建，并且通常会配合使用工具以及Shift、Alt和Ctrl等键进行多种编辑操作。选区创建后，如果觉得还不能达到要求，可以通过【选择】菜单中的相关命令对选区进行再调整处理。

2.2.1 常用选择命令

【选择】命令菜单中包含了常用的选区命令，用户可以通过选择这些命令或使用快捷键方便的对选区进行操作编辑。

【全选】命令用于将图像画面全部选中。可以选择菜单栏中的【选择】|【全选】命令，或是快捷键Ctrl+A应用该命令。

【反向】命令用于选择原有选区外的区域。可以选择菜单栏中的【选择】|【反向】命令，或是快捷键Shift+Ctrl+I应用该命令。

【取消选择】命令用于取消图像文件中已有的选区范围。可以选择菜单栏中的【选择】|【取消选择】命令，或是快捷键Ctrl+D应用该命令。

【重新选择】命令用于恢复前一选区范围。可以选择菜单栏中的【选择】|【重新选择】命令，或是快捷键Shift+Ctrl+D应用该命令。

2.2.2 调整边缘

使用【调整边缘】命令可以对现有的选区进行更为精确的修改，从而得到更加精确的选区。选择【选择】|【调整边缘】命令，或是在选择一种选区创建工具后，单击选项栏上的【调整边缘】按钮，可以打开【调整边缘】对话框。

【例2-6】使用【调整边缘】命令，调整图像文件中选区的外观。◇视频+◆素材

01 在Photoshop CS 4应用程序中，选择菜单栏中的【文件】|【打开】命令，选择打开一幅图像文件。

02 选择【工具】面板中的【矩形选框】工具，在图像文件中创建选区。

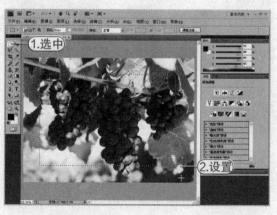

03 单击选项栏中的【调整边缘】按钮，打开【调整边缘】对话框。

04 在对话框中，拖动【半径】滑块至250像素，拖动【对比】滑块至100%，拖动【收缩/扩展】滑块至100%，然后单击【确定】按钮，应用边缘的调整。

05 按快捷键Shift+Ctrl+I反向选择选区，并按快捷键Ctrl+Backspace使用背景色填充选区，然后按快捷键Ctrl+D取消选区。

2.2.3 修改选区

【选择】|【修改】命令子菜单中包含了一系列修改选区命令。

🔷 【边界】命令用于修改现有选区边界内部和外部像素的宽度。

🔷 【平滑】命令用于消除选区边缘的锯齿，使选区边界变得平滑。

🔷 【扩展】命令用于扩大创建选区的范围。

🔷 【收缩】命令的作用与【扩展】命令刚好相反，用于缩小选区的范围。

🔷 【羽化】命令通过扩展选区轮廓周围的像素区域，达到柔和边缘效果。

【例2-7】使用【修改】命令，调整图像文件中选区的外观。 ◈视频＋◈素材

01 在Photoshop CS 4应用程序中，选择菜单栏中的【文件】|【打开】命令，选择打开一幅图像文件。

02 选择【工具】面板中的【矩形选框】工具，在选项栏中单击【添加到选区】按钮，在【样式】下拉列表中选择【固定比例】选项，单击鼠标并拖动以在图像文件中创建选区。

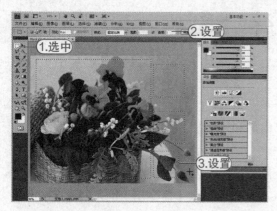

03 选择【选择】|【修改】|【羽化】命令，打开【羽化选区】对话框。在对话框的【羽化半径】数值框中输入20像素，然后单击【确定】按钮。

04 选择【选择】|【修改】|【边界】命令，打开【边界选区】对话框。在对话框的【宽度】数值框中输入8像素，然后单击【确定】按钮。

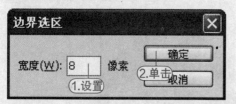

05 按Delete键删除选区内图像，然后快捷键Ctrl+D取消选区。

2.2.4 选区运算

选区运算是最重要的选区操作之一，也是最常用到的选区操作之一。在选择任意的选区创建工具后，选项栏中都会显示【新选区】按钮、【添加到选区】按钮、【从选区减去】按钮和【与选区交叉】按钮。这4个按钮用于设置当前选区工具的工作模式。

🔷 单击【新选区】按钮▢可以在图像文件中创建新的选区。如果在当前图像文件窗口中再次绘制选区，原选区会被新创建的选区取代。

🔷 单击【添加到选区】按钮可以在图像文件中保留原有选区的情况下绘制新的选区。

🔷 单击【从选区减去】按钮可以从已有的选区中去除与当前绘制的选区重合的区域。

🔷 单击【与选区交叉】按钮可以在图像文件窗口中保留原选区与当前绘制的选区重合的区域。

2.2.5 变换选区

创建选区后，选择【选择】|【变换选区】命令，或是在选区内单击右键，在弹出的下拉式菜单中选择【变换选区】命令，然后把光标移动到选区内，当光标变为▶形时，按住鼠标即可移动选区。除了可以移动选区外，使用【变换选区】命令还可以改变选区的形状，如缩放、旋转、扭曲等。在变换选区时，除了直接拖动定界框的手柄的调整方式外，还可以配合Shift、Alt和Ctrl键使用。

【例2-8】使用【变换选区】命令，调整图像文件中选区的外观。🎬视频+📄素材

01 启动 Photoshop CS 4 应用程序，选择

菜单栏中的【文件】|【打开】命令,打开一幅图像文件。

在【V】数值框中输入10%。设置完成后,单击Enter键应用选区变换。

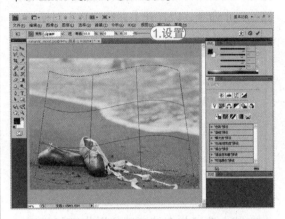

02　选择【工具】面板中的【矩形选框】工具,在图像文件中创建选区。

05　选择【选择】|【修改】|【边界】命令,打开【边界选区】对话框。在【宽度】数值框中输入5像素,然后单击【确定】按钮。

06　按快捷键Ctrl+Backspace使用背景色填充选区,然后按快捷键Ctrl+D取消选区。

03　选择菜单栏中的【选择】|【变换选区】命令,然后单击选项栏中的【在自由变换和变形模式之间切换】按钮圈。

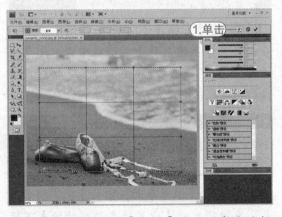

2.2.6　存储与载入选区

　　用户可以通过【存储选区】命令保存复杂的图像选区,以便在编辑过程中再次使用。存储选区时,Photoshop CS4会创建一个Alpha通道并将选区保存在该通道内。用户可

04　在选项栏的【变形】下拉列表中选择【旗帜】选项,在【弯曲】数值框中输入10%,

以选择【选择】|【存储选区】命令，也可以在选区上右击打开快捷菜单，选择其中的【存储选区】命令，以打开【存储选区】对话框。

载入选区与存储选区的操作正好相反。通过【载入选区】命令可以将保存在 Alpha

通道中的选区载入到图像文件窗口中。用户可以选择【选择】|【载入选区】命令，也可以在图像文件窗口中右击打开快捷菜单，选择其中的【载入选区】命令，以打开【载入选区】对话框。

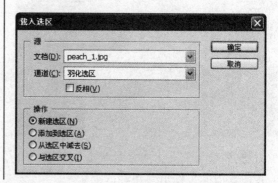

2.3 填充选区

在 Photoshop 中创建选区后，可以通过使用填充工具及命令对图像的画面或选区进行填充操作，如填充单色、渐变色和图案等。

2.3.1 使用【油漆桶】工具

【工具】面板中的【油漆桶】工具的作用类似于【填充】命令。两者的区别是，【油漆桶】工具只能用于填充图像或选区中颜色相近的区域部分，而【填充】命令则可以填充图像中任意画面或选区的全部区域。

○ 专家指点 ○

按快捷键 Alt+Delete 可以快速填充前景色；按快捷键 Ctrl+Delete 可快速填充背景色。

【例2-9】使用【油漆桶】工具，在图像文件中填充图案效果。 视频+素材

01 在 Photoshop CS 4 应用程序中，选择【文件】|【打开】命令选择打开一幅图像文件。选择【矩形选框】工具，在图像中创建选区。

02 选择【编辑】|【定义图案】命令，在打开的【图案名称】对话框中输入图案的名称"海螺"，然后单击【确定】按钮，并按快捷键 Ctrl+D 取消选区。

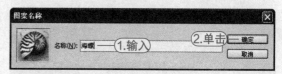

03 选择【工具】面板中的【油漆桶】工具，在选项栏的【设置填充区域的源】下拉列表中选择【图案】，单击右侧【图案】下

拉面板，选择自定义的海螺图案，设置【模式】为【强光】。然后使用【油漆桶】工具在图像画面中单击填充。

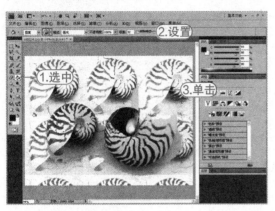

2.3.2 使用【填充】命令

使用【填充】命令可以在当前图层或选区内填充颜色或图案，还可以设置不透明度和混合模式。文本图层和被隐藏的图层不能进行填充。

【例2-10】在图像文件中，使用【填充】命令修饰选区。🎬视频+📁素材

01 在 Photoshop CS 4 应用程序中，选择【文件】|【打开】命令，选择打开一幅图像文件。选择【矩形选框】，单击选项栏中的【从选区减去】按钮，然后在图像中创建选区。

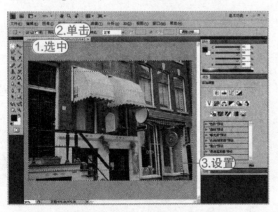

02 选择【编辑】|【填充】命令，打开【填充】对话框。在对话框的【使用】下拉列表中选择【图案】，在【自定图案】下拉

面板中单击 ▶ 按钮，在弹出式菜单中选择【图案】，在弹出的对话框中单击【确定】按钮。

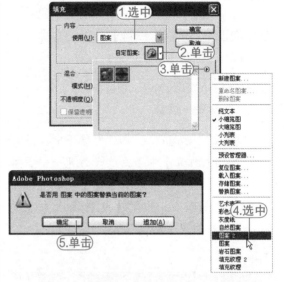

03 在载入的【图案】图案库中选中【拼贴】图案，设置【不透明度】为80%。

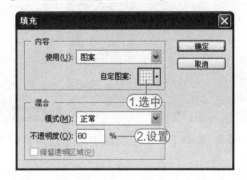

04 设置完成后单击【确定】按钮即在选区内填充了图案，然后按快捷键Ctrl+D取消选区。

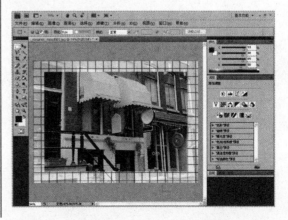

2.3.3 使用【描边】命令

【描边】命令可以使用当前前景色描绘选区的边缘。选择【编辑】|【描边】命令，可以打开【描边】对话框进行设置。

【例2-11】在图像文件中，使用【描边】命令修饰选区效果。◆视频 + ◆素材

01 在 Photoshop CS 4 应用程序中，选择【文件】|【打开】命令，选择打开一幅图像文件。在【工具】面板中选择【矩形选框】工具，单击选项栏中的【从选区减去】按钮，然后在图像中创建选区。

02 单击【工具】面板中的【切换前景色

和背景色】按钮，选择【编辑】|【描边】命令，打开【描边】对话框。在对话框中设置描边【宽度】为4px，选中【内部】单选按钮。

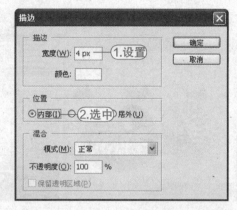

03 设置完成后，单击【确定】按钮应用，然后按快捷键Ctrl+D取消选区。

Chapter

03

图像基本编辑操作

在图像编辑过程中，经常会需要用到剪切、拷贝、粘贴以及恢复之类的操作，掌握这些操作可以在有效的提高工作效率，保护制作的图像作品。本章主要介绍图像拷贝、粘贴命令及【历史记录】面板的应用。

■ 拷贝和粘贴图像
■ 恢复与还原操作
■ 移动图像
■ 变换图像
■ 裁剪图像
■ 使用【历史记录】面板

 参见随书光盘

3.1 拷贝和粘贴图像

对图像画面的拷贝、粘贴是 Photoshop 中经常与选区操作结合的常用操作。并且在 Photoshop 中提供了不同的拷贝、粘贴方法以供不同需求使用。

3.1.1 剪切、拷贝和粘贴

通过选区选择部分或全部图像后，可以根据需要对选区内的图像进行剪切和复制操作。

选择【编辑】|【剪切】命令，或按快捷键Ctrl+X，即可剪切选区内的图像至剪贴板中，从而利用剪贴板交换图像数据信息。执行剪切命令后，将从原图像中去除选区中的图像，并以背景色填充。

选择【编辑】|【拷贝】命令，或按快捷键Ctrl+C，即可拷贝选区内的图像至剪贴板中。

选择【编辑】|【粘贴】命令，或按快捷键Ctrl+V，即可放置剪贴板中的图像至当前图像文件，并且自动创建新图层。

【例3-1】在打开的图像文件中，使用命令拷贝并粘贴选区内的图像。视频+素材

01 在 Photoshop CS 4 应用程序中，选择【文件】|【打开】命令，打开两幅图像文件。

02 选择【工具】面板中的【魔棒】工具，在选项栏中设置【容差】数值为30，然后单击左侧图像文件的背景创建选区。

03 按快捷键Shift+Ctrl+I反选选区，再按快捷键Ctrl+C复制。选中右侧的图像文件，按快捷键Ctrl+V键将选区内的图像粘贴到右侧的图像文件中。

04 选择【工具】面板中的【移动】工具，调整粘贴图像的位置。

3.1.2 合并拷贝与贴入

虽然处理图像过程中可以创建很多图层，但当前图层只有一个。如果当前编辑的图像文件中包含有多个图层，那么使用【编辑】|【拷贝】或【剪切】命令操作时，针对的就是当前图层中选区内的图像。要想复制当前选区内所有图层中的图像至剪贴板中，可以选择【编辑】|【合并拷贝】命令。

选择【编辑】|【贴入】命令可以粘贴剪贴板中的图像至当前图像文件窗口显示的选区内，并自动创建一个带有图层蒙版的新图层。

【例3-2】在打开的图像文件中，使用【贴入】命令编辑图像画面。 视频+素材

①1 在 Photoshop CS 4 中，选择【文件】|【打开】命令，打开两幅图像文件。选择【矩形选框】工具，在选项栏中设置【羽化】数值为 30 px，然后在图像文件中创建选区。

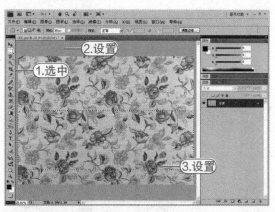

②2 选择另一幅图像文件，按快捷键 Ctrl+A 全选图像，然后选择【编辑】|【拷贝】命令拷贝图像。

③3 返回先前操作的图像文件，选择【编辑】|【贴入】命令，将刚拷贝的图像文件贴入到选区中。

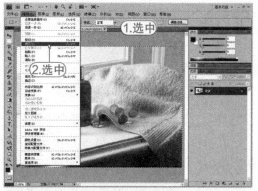

④4 选择【工具】面板中的【移动】工具，调整粘贴图像的位置。

3.1.3 清除图像

要清除图像内容，可以选择【编辑】|【清除】命令，或按 Delete 键。

如果在【背景】图层中进行清除操作，那么会以背景色填充清除的图像区域；如果在普通图层中进行清除操作，清除的图像区域将为透明。需要注意的是，清除操作只针对当前图层。

3.2 恢复与还原操作

在图像文件的编辑过程中，如果出现操作失误，用户可以通过菜单命令方便的撤销或恢复之前的操作步骤。

3.2.1 还原操作

在进行图像处理时，最近一次所执行的操作步骤在【编辑】菜单的顶部显示为还原+操作名称，执行该命令可以立即撤销最近一次的操作；此时菜单命令转换成重做+操作名称，选择该命令可以再次执行最后一次的操作。

编辑(E)	图像(I)	图层(L)	选择(S)
还原存储选区(O)			Ctrl+Z
前进一步(W)			Shift+Ctrl+Z
后退一步(K)			Alt+Ctrl+Z

在【编辑】菜单中多次选择【后退一步】命令，可以按照【历史记录】面板中操作排列的顺序，逐步撤销各次操作。

用户也可以在【编辑】菜单中多次选择

【前进一步】命令，按照【历史记录】面板中操作排列的顺序，逐步恢复各次操作。

○ 专家指点 ○

在图像编辑过程中，使用【还原】和【重做】命令快捷键，可以提高图像编辑效率。按快捷键Ctrl+Z可以实现操作的还原与重做；按快捷键Shift+Ctrl+Z可以实现前进一步图像操作，按快捷键Alt+Ctrl+Z可以实现后退一步图像操作。

3.2.2 恢复操作

在图像处理过程中，如果执行过【存储】命令，那么选择【文件】|【恢复】命令，可以将图像文件恢复至最近一次存储时的状态。

3.3 移动图像

要想移动当前图层中选区内的图像，可以在【工具】面板中选择【移动】工具，然后在选区中按下鼠标并拖动。

要想在当前图层中直接移动复制选区内的图像至其他区域，可以选择【工具】面板中的【移动】工具，然后在选区中按住Alt键（这时光标显示为），再按下鼠标并拖动。

【例3-3】在图像文件中，使用【移动】工具移动复制选区内图像。○视频+○素材

01 在Photoshop CS 4中，选择【文件】|【打开】命令，打开一幅图像文件。选择【工具】面板中的【魔棒】工具，在选项栏中设置【容差】数值为0，然后在图像背景中单击创建选区。

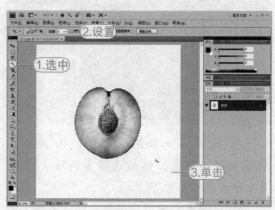

02 按快捷键Shift+Ctrl+I反选选区，并选择【移动】工具，移动选区内图像的位置。

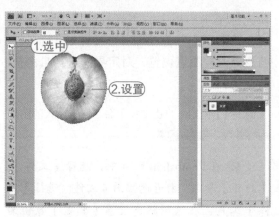

动】工具移动选区内的图像位置。

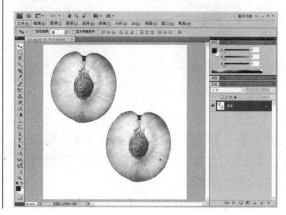

⓷ 保持选区，按住 Alt 键再使用【移

3.4　变换图像

选定图像内容后，通过【编辑】|【自由变换】或【变换】命令子菜单中的相关命令，可以进行特定的变换操作，如缩放、旋转、斜切、扭曲等。用户只需要选择所需的操作命令，即可切换到该命令的操作状态。变换操作完成后，用户可以通过在定界框中双击或按 Enter 键结束操作。

3.4.1　变换命令

通过选择【编辑】|【变换】命令级联菜单中的相关命令，即可进行如缩放、旋转、斜切等变换操作。

● 【缩放】：选择该命令后，可以进行自由调整图像的大小操作。如果通过定界框的角控制点调整图像的大小，同时在操作中按住 Shift 键，可以以等比例进行缩放操作。

● 【旋转】：选择该命令后，可以进行自由旋转图像方向的操作。

● 【斜切】：选择该命令后，如果移动光标至某个角控制点上，按下鼠标并拖动，

可以在保持其他3个角控制点位置不动的情况下对图像进行倾斜变换操作。如果移动光标至某个边控制点上，按下鼠标并拖动，可以在保持与选择边控制点相对的定界框边不动的情况下进行图像倾斜变换操作。

● 【扭曲】：选择该命令后，可以任意拉伸定界框的8个控制点，进行扭曲变换操作。

● 【透视】：在拖动角手柄时，定界框会形成对称的梯形。

● 【变形】：选择该命令后，可以对图像进行灵活自由的任意变形操作。

■ 【旋转180度】、【旋转90度（顺时针）】、【旋转90度（逆时针）】：选择这3个命令，可以按照指定的角度，顺时针或逆时针旋转图像。

■ 【水平翻转】、【垂直翻转】：选择这2个命令，可以在水平或垂直方向上翻转图像。

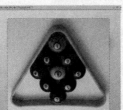

注意事项

用户在变换操作过程中选择【工具】面板中的工具，会弹出一个系统提示对话框，提示用户确认或取消当前所进行的变换操作。

3.4.2 【自由变换】命令

【自由变换】命令用于在一个连续的操作中应用变换命令。

选择【编辑】|【自由变换】命令，或按下快捷键Ctrl+T后，当前对象上会显示出一个定界框。调整定界框的控制点并配合相应的按钮即可变换对象。

移动光标至定界框的控制点上，当光标显示为↔↕↗↘形状时，按下鼠标并拖动即可改变图像的大小。

移动光标至定界框外，当光标显示为↻形状时，按下鼠标并拖动即可以定界框的中心点位置为旋转中心进行自由旋转。

要想更改定界框的中心点位置，只需移

动光标至中心点上，当光标显示为▸▸形状时，按下鼠标并拖动即可。按住Ctrl键可以随意更改控制点位置，对定界框进行自由扭曲变换。

【例3-4】使用【自由变换】命令调整贴入的图像内容外观。●视频＋素材

① 在 Photoshop CS 4 中，选择【文件】|【打开】命令，打开两幅图像文件。选择【魔棒】工具，在选项栏中设置【容差】数值为30，然后在标志图像的背景区域中单击。

② 选择【选择】|【选取相似】命令，按快捷键Shift+Ctrl+I反选选区，然后选择【编辑】|【拷贝】命令。

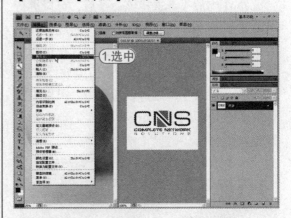

③ 选中乒乓球图像，按快捷键Ctrl+V粘贴拷贝的图像。

④ 选择【编辑】|【自由变换】命令，在图像周围出现定界框后，将光标放置在角控制点上，当其变为双向箭头状态后，按住

快捷键Shift+Alt并拖动鼠标放大图像。

拉列表中选择【膨胀】选项，设置【弯曲】数值为10%。设置完成后，按Enter键应用自由变换。

05 单击选项栏上的【在自由变化和变形模式之间切换】按钮■，然后在【变形】下

3.5 裁剪图像

裁剪是移去部分图像内容以突出或加强构图效果的过程。可以使用【裁剪】工具和【裁剪】命令裁剪图像，也可以使用【裁剪并修齐】以及【裁切】命令来裁切像素。

🔷【裁剪】工具◱：使用【裁剪】工具可以在保留指定区域内图像的同时，裁剪保留区域外的图像。

🔷【裁剪】命令：选择该命令，可以保留选区内的图像内容。

🔷【裁切】命令：【裁切】命令通过裁切周围的透明像素或指定颜色的背景像素来裁剪图像。

🔷【裁剪并修齐照片】命令：【裁剪并修齐照片】命令执行后，系统将进行自动操作，在对边界比较明显的图像进行裁剪、修正非常有用。

【例3-5】在图像文件中，使用【裁剪】命令与工具调整图像画面。🎬视频+📁素材

01 在Photoshop CS4应用程序，使用【文件】|【打开】命令，打开一幅图像文件。

02 选择菜单栏中的【文件】|【自动】|【裁剪并修齐照片】命令，自动裁剪图像文件的白色区域部分。

03 选择【工具】面板中的【裁剪】工具◱，在图像文件中拖动以创建裁剪范围。

放显示。

④ 按 Enter 键应用裁剪，并按快捷键 Ctrl+0，将裁剪后的图像文件按屏幕大小缩

3.6 使用【历史记录】面板

使用【历史记录】面板，可以撤销关闭图像文件之前所进行的操作步骤，并且可以将图像文件当前的处理效果创建成快照进行存储。选择【窗口】|【历史记录】命令，可以打开【历史记录】面板。

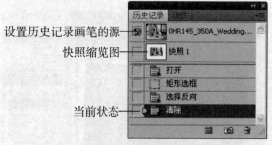

设置历史记录画笔的源——
快照缩览图——

当前状态——

🔲 【从当前状态创建新文档】 🔲：基于当前操作步骤中图像的状态创建一个新的文件。

🔲 【创建新快照】 🔲：基于当前的图像状态创建快照。

🔲 【删除当前状态】 🔟：选择一个操作步骤后，单击该按钮可将该步骤及其后的操作删除。

3.6.1 创建快照

【历史记录】面板中保存的操作步骤默认为20步，而在编辑过程中，一些操作需要更多的步骤才能完成。这种情况下，用户可以将其中的重要步骤创建为快照。当操作发

生错误时，可以单击某一阶段的快照，将图像恢复到该状态，以弥补历史记录保存数量的局限。

【例3-6】在【历史记录】面板中，为进行的操作效果创建快照。📹视频+📄素材

① 打开一个图像文件后，选择【窗口】|【历史记录】命令，打开【历史记录】面板。Photoshop会自动将该图像文件的初始状态制作成快照存在【历史记录】面板中。

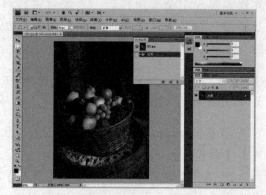

② 选择【图像】|【调整】|【曲线】命令，打开【曲线】对话框。在对话框中调整曲线，然后单击【确定】按钮应用设置。

◎③ 单击【历史记录】面板右上角的面板菜单按钮，在弹出式菜单中选择【新建快照】命令。

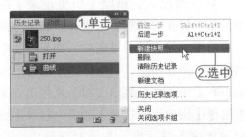

◎④ 在打开的【新建快照】对话框的【名称】文本框中输入"曲线调整"，然后单击【确定】按钮即创建了新的快照。

3.6.2 还原图像

单击连续操作步骤中最后的一个操作步骤，即可将其前面的所有操作步骤（包括单击的该操作步骤）还原。还原被撤销操作步骤的前提是：在撤销该操作步骤后没有执行其他新操作步骤，否则无法恢复被撤销的操作步骤。

【例3-7】使用【历史记录】面板，还原图像编辑效果。◎视频+◎素材

◎① 打开一个图像文件后，选择【窗口】

|【历史记录】命令，打开【历史记录】面板。Photoshop会自动将该图像文件的初始状态制作成快照存在【历史记录】面板中。

◎② 选择【矩形选框】工具，在选项栏中设置【羽化】数值为30 px，然后在图像中拖动以创建选区。

◎③ 按快捷键Shift+Ctrl+I反选选区，并按Delete键删除选区内的图像。

◎④ 要保存当前图像文件编辑处理的操作效果，可以在【历史记录】面板中单击【创

建新快照】按钮 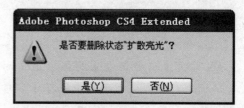，创建【快照1】。

⑤ 按快捷键Ctrl+D取消选区，选择【滤镜】|【艺术效果】|【水彩】命令，在打开的【水彩】对话框中，设置【画笔细节】数值为3，【阴影强度】数值为0，【纹理】数值为2。

⑥ 单击【新建效果图层】按钮，选择【扭曲】|【扩散亮光】命令，在打开的【扩散亮光】对话框中，设置【粒度】数值为10，【发光量】数值为2，【清除数量】数值为10，然后单击【确定】按钮。

⑦ 在【历史记录】面板中，单击【快照1】，将图像状态还原到执行滤镜操作前的状态。

3.6.3 删除快照

在【历史记录】面板中，单击面板底部的【删除当前状态】按钮 🗑，这时会弹出Photoshop提示对话框询问是否要删除当前选中的操作步骤，单击【是】按钮即可删除指定的操作步骤。

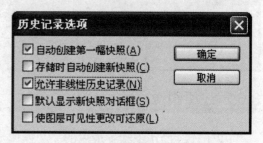

默认情况下，删除【历史记录】面板中的某个操作步骤后，该操作步骤下方的所有操作步骤均会同时被删除。如果想要单独删除某一操作步骤，可以单击【历史记录】面板右上角的面板菜单按钮，从弹出式菜单中选择【历史记录选项】命令，打开【历史记录选项】对话框。在该对话框中，选中【允许非线性历史记录】复选框，即可单独删除某一操作步骤，而不会影响其他操作步骤了。

Chapter
04

图像的绘制与修饰

在图像处理过程中，经常需要绘制和修饰图像。本章主要介绍如何在Photoshop CS 4中使用工具进行绘制操作以及各种图像修饰工具的应用等内容。

■ 设置颜色
■ 【画笔】面板
■ 绘画工具
■ 【渐变】工具
■ 图像修复工具
■ 图像润饰工具

■ 参见随书光盘

4.1 设置颜色

设置颜色是进行图像绘制与修饰之前需要掌握的基本操作。Photoshop 提供了多种方法用于设置颜色。

4.1.1 了解前景色和背景色

在选取和设置颜色时，都会涉及到设置前景色和背景色。在【工具】面板中，用户可以很方便地查看当前使用的前景色和背景色。系统默认状态下，前景色是 R、G、B 数值都为 0 的黑色，背景色是 R、G、B 数值都为 255 的白色。在 Photoshop 中，用户可以通过多种工具设置前景色和背景色的颜色，如【拾色器】对话框、【颜色】面板、【色板】面板和【吸管】工具等。

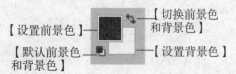

【设置前景色】
【切换前景色和背景色】
【默认前景色和背景色】
【设置背景色】

◖ 专家指点 ◗

在【工具】面板中，单击【切换前景色和背景色】按钮可以互换前景色和背景色；单击【默认前景色和背景色】按钮，可以还原前景色和背景色为系统默认设置。

4.1.2 使用【拾色器】对话框

在 Photoshop 中，单击【工具】面板下方的【设置前景色】或【设置背景色】图标都可以打开【拾色器】对话框。在【拾色器】对话框中可以基于 HSB、RGB、Lab、CMYK 等颜色模型指定颜色。

在【拾色器】对话框中左侧的主颜色框中单击鼠标可选取某种颜色，这时该颜色会显示在右侧上方的颜色方框内，同时右侧文本框的数值会改变。用户也可以在右侧的颜色文本框中输入数值，或拖动主

颜色框右侧的颜色滑块来改变主颜色框中的主色调。

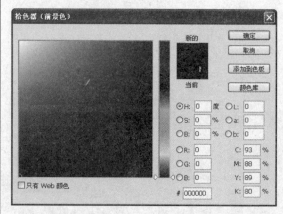

单击【拾色器】对话框中的【颜色库】按钮，可以打开【颜色库】对话框。在【颜色库】对话框的【色库】下拉列表框中共有 27 种颜色库。这些颜色库是国际公认的色样标准。

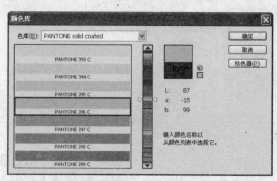

【例4-1】在 Photoshop CS 4 应用程序中，使用【拾色器】对话框设置颜色。 ◢视频

01 单击【工具】面板中的【设置前景色】图标，打开【拾色器】对话框。在颜色条上单击，定义颜色范围。

02 选中【S】单选按钮，然后拖动颜色条旁的滑块调整颜色饱和度。

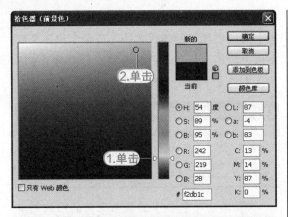

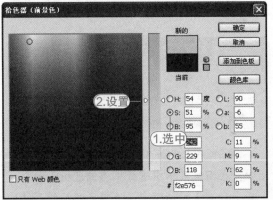

03 选中【B】单选按钮，然后拖动颜色条旁的滑块进行调整。调整完成后单击【确定】按钮关闭对话框。

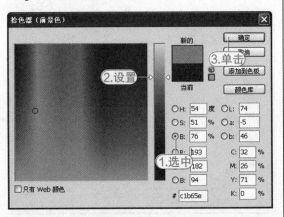

4.1.3 使用【吸管】工具

使用【吸管】工具 ✐ 可以从当前图像文件的任何位置采集色样，并将其设置为前景色或背景色。其也可以进行像素颜色的采样。

选择【工具】面板中的【吸管】工具，

在图像中单击，可以设置该单击位置的颜色为前景色；按住 Alt 键在图像中单击，可以设置该单击位置的颜色为背景色。如果在图像文件窗口中移动光标，【信息】面板中的 CMYK 和 RGB 数值显示区域会随之显示相应位置的颜色数值。

4.1.4 使用【颜色】面板

【颜色】面板显示了当前前景色和背景色的颜色值。使用【颜色】面板中的滑块，可以利用几种不同的颜色模式来编辑前景色和背景色，也可以从显示在面板底部的四色曲线图的色谱中选取前景色或背景色。选择【窗口】|【颜色】命令，可以打开【颜色】面板。

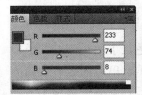 

在【颜色】面板中编辑前景色或背景色之前，要确保其颜色选框在面板中处于当前状态（处于当前状态的颜色框有黑色轮廓）。

【例4-2】在 Photoshop CS 4 应用程序中，使用【颜色】面板设置前景色和背景色。●视频

01 选择【窗口】|【颜色】命令，打开【颜色】面板。单击面板菜单按钮，在打开的菜单中选择【CMYK滑块】命令。

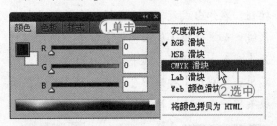

02 单击前景色块，在 C、M、Y、K 数值框中输入数值0、87、87、0。

03 单击背景色块，将光标放在面板下面的四色曲线图上，当光标变为吸管状时单击采集色样。

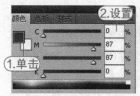

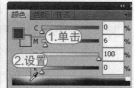

4.1.5 使用【色板】面板

　　【色板】面板用来存储经常使用的颜色，也可以为不同的项目显示不同的颜色库。可以在面板中根据需要添加或删除颜色。选择【窗口】|【色板】命令，可以在工作区打开【色板】面板。

　　默认情况下，【色板】面板中的颜色以【小缩览图】方式显示，单击面板右上角的扩展菜单按钮，在弹出式菜单中选择【大缩览图】、【小列表】或【大列表】命令，可以更改颜色色板显示方式。

【例4-3】在Photoshop CS 4应用程序中，使用【色板】面板。❤视频

　　⓵ 在 Photoshop CS 4 工作区中，选中【色板】面板标签，并按住鼠标将其拖动至面板组外。

　　⓶ 单击【色板】面板右上角的扩展菜单按钮，在弹出式菜单下方选择一个特定的颜色系统。如果选择【载入色板】命令，则可以打开【载入】对话框，选中要使用的库文件，然后单击【载入】按钮即可将其放入。本例在面板菜单中选择【照片滤镜颜色】命令。

　　⓷ 在弹出的提示对话框中，单击【确

定】按钮可以将选中的色板库替换当前【色板】面板中显示的库，单击【追加】按钮可以将选中的库添加到当前显示的库的后面。本例单击【确定】按钮，载入选中的色板库。

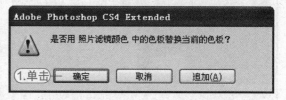

　　⓸ 单击【色板】面板右上角的面板菜单按钮，在打开的菜单中选择【小列表】命令。

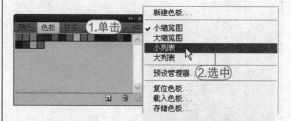

　　⓹ 单击【色板】面板右上角的扩展菜单按钮，在面板菜单中选择【存储色板】命令，打开【存储】对话框中，选择色板库的存储位置，在【文件名】文本框中输入"用户色板库"，然后单击【保存】按钮，即可以将库存储在指定位置。

◖ 专家指点 ◗

　　单击一个颜色样本，可以将其设置为前景色；按住Ctrl键再单击颜色样本，则可以将它设置为背景色。

4.2 【画笔】面板

【画笔】面板是非常重要的面板，它可以设置各种绘画工具、图像修复及润饰工具、擦除工具的笔尖和画笔选项。

4.2.1 使用【画笔】面板

选择【窗口】|【画笔】命令、单击【画笔】选项栏中的【切换到画笔面板】按钮、按F5键可以打开【画笔】面板。

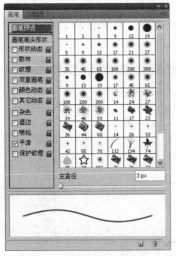 

在【画笔】面板的左侧选项列表中，单击选项名称即可选中要进行设置的选项，在右侧的区域中将显示该选项的所有参数设置。在【画笔】面板底部的预览区域中可以随时查看画笔样式调整效果。

选项	作用
画笔预设	用于选择预设画笔样式，可以设置画笔大小直径
画笔笔尖形状	用于设置画笔样式的直径、角度、圆度、硬度、间距等基本参数
形状动态	用于设置画笔笔迹的变化，如画笔的大小抖动、最小直径、角度抖动和圆度抖动等
散布	用于设置笔迹的数量和位置
纹理	用于在画笔笔迹上应用图案，使其具有纹理绘制的效果

选项	作用
双重纹理	用于通过组合两个画笔样式来创建新的画笔笔迹。它可在主画笔的画笔描边内应用第二个画笔纹理，并且仅绘制两个画笔描边的交叉区域
颜色动态	用于决定描边路经中油彩颜色的变化方式
其他动态	用于设置画笔的不透明度和流量的变化

【例4-4】在PhotoshopCS 4应用程序中，创建自定义画笔样式。🎬视频＋📁素材

⓪① 选择【文件】|【打开】命令，打开一幅图像文件。

⓪② 选择【工具】面板中的【画笔】工具，单击选项栏中的【切换画笔面板】按钮📖，或按F5键。

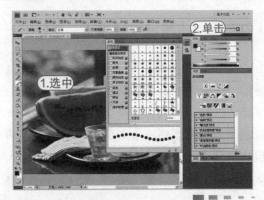

⑧ 选中【画笔笔尖形状】选项，在画笔样式预览区中选择Scattered Leaves画笔样式，设置【直径】数值为60px，【角度】数值为54度，【间距】数值为135%。

④ 选中【形状动态】选项，设置【大小抖动】数值为80%，【角度抖动】数值为30%。

⑤ 选中【散布】选项，设置【散布】数值为220%，【数量】数值为2。单击【工具】面板中的【切换前景色和背景色】按钮，在选项栏的【模式】下拉列表中选择【亮光】选项，然后在图像的边缘进行涂抹。

4.2.2 使用【预设管理器】

【预设管理器】用于管理Photoshop自带的预设画笔、色板、渐变、样式、图案、等高线、自定形状和预设工具的库。用户可以使用【预设管理器】来更改当前的预设项目集或创建新库。在【预设管理器】中载入某个库后，便可以在选项栏、面板、对话框

等位置中访问该库的项目。

每种类型的库都有各自的文件扩展名和默认文件夹。预设文件安装在Adobe Photoshop CS 4 应用程序文件夹的Presets文件夹内。

【例4-5】在PhotoshopCS 4 应用程序中，设置【画笔预设】。 ◈视频+💾素材

① 选择【编辑】|【预设管理器】命令，打开【预设管理器】对话框，单击【预设类型】选项右侧的 ▶，在弹出的菜单中选择【大缩览图】选项，更改画笔的预览样式。

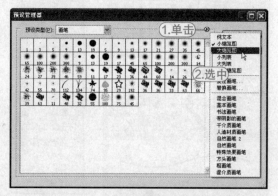

② 单击【预设管理器】对话框中的【载入】按钮，打开【载入】对话框。在对话框的【查找范围】下拉列表中选择【笔刷】，选中【皇冠】，单击【载入】按钮，将选中的画笔库载入到【预设管理器】中。

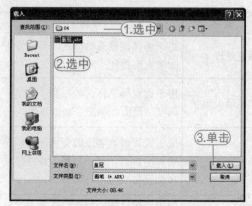

③ 在【预设管理器】中，选中一个皇冠画笔样式，然后单击【重命名】按钮。打开的【画笔名称】对话框的【名称】文本框中输入

"皇冠样式1"，然后单击【确定】按钮。

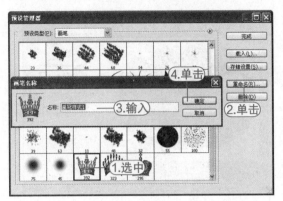

04 按住 Ctrl 键再单击要存储的画笔样式，然后单击【预设管理器】对话框中的【存储设置】按钮。

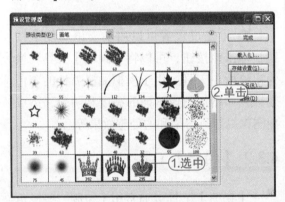

05 在打开的【存储】对话框的【文件名】文本框中输入"图案样式"，然后单击【保存】按钮，即可将选中的画笔样式作为自定义的画笔库进行保存。单击对话框中的【完成】按钮，关闭【预设管理器】对话框。

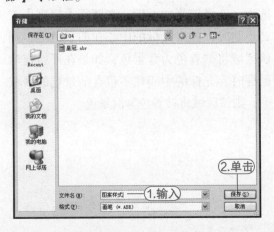

○ 专家指点 ○

在【预设管理器】中，按住 Shift 键再单击选中的重复画笔样式，然后单击【删除】按钮，即可将重复的画笔样式删除。

4.2.3 自定义画笔

在 Photoshop CS 4 中，预设的画笔样式如果不能满足用户的要求，则可以以预设画笔样式为基础创建新的预设画笔样式。用户还可以使用【编辑】|【定义画笔预设】命令将选择的任意形状选区内的图像定义为画笔样式。

【例4-6】在 PhotoshopCS 4 应用程序中，自定义画笔预设。◎视频+◎素材

01 打开一幅图像文件，选择【工具】面板中的【魔棒】工具，在选项栏中设置【容差】数值为30，然后在图像画面背景中单击。

02 按快捷键 Shift+Ctrl+I 反选图像对象。选择菜单栏中的【编辑】|【定义画笔预设】命令，在打开的【画笔名称】对话框的【名称】文本框中输入"花朵"，然后单击【确定】按钮应用并关闭对话框。

◎ 注意事项 ◎

需要注意的是，【定义画笔预设】定义的
画笔样式只会保存相关图像画面信息，而
不会保存其颜色信息。因此，使用这类画
笔样式进行描绘时，会以当前前景色的颜
色为画笔颜色。

⓷ 按快捷键Ctrl+D取消选区。选择【画
笔】工具，在选项栏中单击▪按钮，在打开的
画笔预设下拉面板中选择【花朵】画笔样式，

然后在图像中单击。

4.3 绘画工具

在 Photoshop 中提供了【画笔】和【铅笔】两种绘画工具，它们通过画笔描边来应用颜色，类似于传统的绘画工具。

4.3.1 【画笔】工具

【画笔】工具✐通常用于绘制偏柔和的线条，类似于使用毛笔绘画的效果，是Photoshop中最为常用的绘画工具。

选择该工具后，在选项栏中，可以设置各项参数选项，以调节画笔绘制效果。

✐ ▾ 画笔: 3 ▾ 模式: 正常 ▾ 不透明度: 100% ▸ 流量: 100% ▸ ✎

◈ 【画笔】选项：用于设置画笔的大小、样式及硬度等。

◈ 【模式】选项：用于设定多种混合模式。利用这些模式可以在绘画过程中使绘制的笔画与图像产生特殊混合画面效果。

◈ 【不透明度】选项：用于设置画笔效果的不透明度。数值为100%表示画笔效果完全不透明，而数值为1%表示画笔效果接近完全透明。

◈ 【流量】选项：用于设置【画笔】工具应用油彩的速度。该数值较低时会形成较轻的描边效果。

◈ 【经过设置可以启动喷枪功能】按钮：单击该按钮，可以将【画笔】工具转换为【喷枪】工具。用于模拟油漆喷枪的着色效果，如增加图像画面的亮度和阴影，造成使图像局部显得柔和的处理效果等。

4.3.2 【铅笔】工具

【铅笔】工具✐通常用于绘制一些棱角比较突出、无边缘发散效果的线条。其选项栏中大部分参数选项的设置与【画笔】工具基本相同。

✐ ▾ 画笔: 1 ▾ 模式: 正常 ▾ 不透明度: 100% ▸ ☐ 自动抹除

【铅笔】选项栏中有一项【自动抹除】选项，选择该复选框后，在使用【铅笔】工具绘制时，如果光标的中心在前景色上，则该区域将被着色为背景色；如果在开始拖动鼠标时，光标的中心在不包含前景色的区域上，则该区域将被着色为前景色。

4.4 【渐变】工具

【渐变】工具用来在整个文档或选区内填充渐变颜色。选择该工具后，在图像中单击鼠标并拖动出一条直线，标示渐变的起点和终点，释放鼠标后渐变即填充。

4.4.1 创建渐变

选择【渐变】工具后，需要在选项栏选择渐变的类型，并设置渐变颜色和混合模式等选项。

❖ 【渐变颜色条】：显示了当前的渐变颜色，单击右侧的▼按钮，可以打开一个下拉面板，在面板中可以选择需要的渐变预设。单击渐变颜色条，可以打开【渐变编辑器】对话框，在【渐变编辑器】对话框中可以编辑、保存渐变颜色样式。

❖ 【渐变类型】：有【线性渐变】、【径向渐变】、【角度渐变】、【对称渐变】、【菱形渐变】5种渐变方式。

❖ 【模式】：用来设置应用渐变时的混合模式。

❖ 【不透明度】：用来设置渐变效果的不透明度。

❖ 【反向】：转换渐变中的颜色顺序，得到反向的渐变效果。

❖ 【仿色】：用较小的带宽创建较平滑的混合，可防止打印时出现条带化现象，但在屏幕上并不能明显地体现出仿色的作用。

❖ 【透明区域】：选中可创建透明渐变；取消选中可创建实色渐变。

【例4-7】在Photoshop CS4应用程序中，创建渐变样式。📹视频

01 选择【渐变】工具，在选项栏中单击【线性渐变】按钮，单击渐变颜色条，打开【渐变编辑器】对话框。

02 在【预设】选项中选择一个预设的渐变，该渐变的色标会显示在下面的渐变条上。

03 选择一个色标后，单击【颜色】选项右侧的颜色块，或双击该色标打开【拾色器】对话框，在对话框中调整该色标的颜色，以修改渐变的颜色。

04 选择一个色标并拖动，或者在【位置】文本框中输入数值，以改变渐变的混合位置。

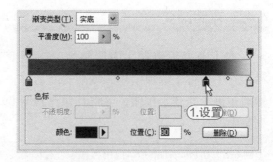

05 拖动两个渐变色标之间的中点，以调整该点两侧颜色的混合位置。

06 在渐变条下方单击可添加色标。选择一个色标后单击【删除】按钮，或直接将其拖动到渐变颜色表外，以删除该色标。

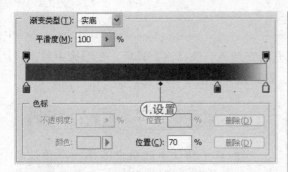

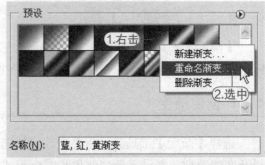

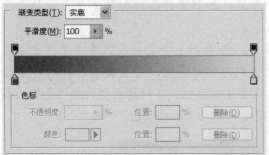

02 右击一个渐变样式，在弹出式菜单中选择【删除渐变】命令，删除当前选中的渐变。

03 单击【渐变编辑器】对话框中的【存储】按钮，在打开的【存储】对话框的【文件名】文本框中输入"自定义渐变"，然后单击【保存】按钮存储。

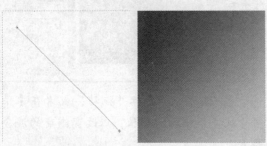

07 单击【确定】按钮关闭对话框，在画面中单击鼠标并拖动出一条直线，放开鼠标后，渐变创建。

4.4.2 存储渐变

在【渐变编辑器】中调整好一个渐变后，在【名称】选项中输入该渐变的名称，然后单击【新建】按钮，可将其保存到渐变列表中。

【例4-8】在Photoshop CS 4应用程序中，存储渐变设置。 视频

01 在渐变列表中选择一个渐变，单击鼠标右键，选择弹出式菜单中的【重命名渐变】命令，打开【渐变名称】对话框，修改渐变的名称。

4.4.3 载入渐变样式库

在【渐变编辑器】中，可以载入Photoshop提供的预设渐变库和用户自定义的渐变样式库。

【例4-9】在【渐变编辑器】对话框中，载入渐变样式库。◆视频

① 单击【渐变编辑器】对话框渐变样式预览区右上角的⊙按钮，选择【简单】样式库。

② 在弹出的对话框中单击【确定】按钮，将渐变载入到【渐变编辑器】对话框中。

③ 单击【渐变编辑器】对话框中的【载入】按钮，打开【载入】对话框，在对话框中选择一个外部渐变库，将其载入。

4.5 图像修复工具

Photoshop CS4中提供了【污点修复画笔】、【修复画笔】、【修补】和【红眼】等多个用于修复图像的工具。利用这些工具，用户可以有效地清除图像上的杂质、刮痕和褶皱等画面瑕疵。

4.5.1 【仿制图章】工具

【仿制图章】工具🔖可以从图像中拷贝信息，然后应用到其他区域或其他图像中，该工具常用于复制对象或去除图像中的缺陷。

选择【仿制图章】工具后，在选项栏中设置选项，然后按住Alt键在图像中单击创建参考点，释放Alt键后，按住鼠标在图像中拖动即可仿制图像。

【例4-10】在图像文件中，使用【仿制图章】工具修复图像。◆视频+◆素材

① 在Photoshop CS4应用程序中，选择【文件】|【打开】命令，选择打开一幅图像文件。选择【仿制图章】工具，在选项栏中设置【画笔】为【柔角100像素】。

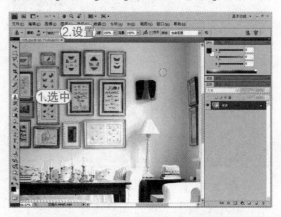

② 将光标放置在图像上，按住Alt键单击进行取样，然后将光标移至画面的其他部分，单击并拖动鼠标进行复制。

4.5.2 【修复画笔】工具

　　【修复画笔】工具 ✎ 与仿制工具一样，也是利用图像或图案中的样本像素来绘画。但该工具可以从被修饰区域的周围取样，并将样本的纹理、光照、透明度和阴影等与待修复的像素匹配，从而去除照片中的污点和划痕，修复结果无人工痕迹。

　　【例4-11】在图像文件中，使用【修复画笔】工具修复图像。📹视频＋📁素材

　　⓵ 在 Photoshop CS 4 应用程序中，选择菜单栏中的【文件】|【打开】命令，选择打开一幅图像文件。

　　⓶ 选择【修复画笔】工具，在选项栏中，在【模式】下拉列表中选择【替换】，设置【源】为【取样】。

　　⓷ 将光标放在取样源上，按住Alt键单击进行取样，移动光标至待修复处，单击并拖动鼠标进行修复。

4.5.3 【图案图章】工具

　　【图案图章】工具 ✎ 利用 Photoshop 提供的图案或用户自定义的图案替换目标对象效果。

　　【例4-12】在图像文件中，使用【图案图章】工具修复图像。📹视频＋📁素材

　　⓵ 选择打开一幅图像文件。选择【矩形选框】工具，在图像中拖动创建选区。

　　⓶ 选择【编辑】|【定义图案】命令。在打开的【图案名称】对话框中输入图案名称"海星"，单击【确定】按钮。

色反光。

03 按下快捷键Ctrl+D取消选区，选择【图案图章】工具，在选项栏中选择自定义图案，将【画笔】设置为【柔角300像素】，【模式】设置为【叠加】，【不透明度】数值为60%，在【图案】下拉面板中选择刚定义的海星图案，然后按住鼠标左键在图像中拖动。

【例4-13】 在图像文件中，使用【红眼】工具去除人物红眼。 ◎视频+◎素材

01 在Photoshop CS4应用程序中，选择菜单栏中的【文件】|【打开】命令，选择打开一幅图像文件。

02 选择【红眼】工具，将光标放在红眼区域上单击校正。

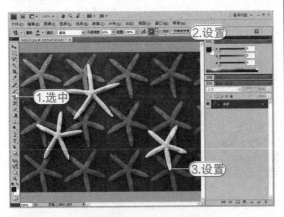

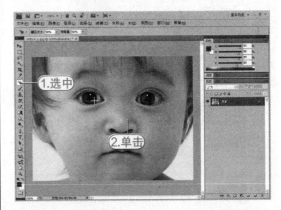

4.5.4 【污点修复画笔】工具

【污点修复画笔】工具可以迅速修复照片中的污点以及其他不够完美的地方。【污点修复画笔】的工作原理与【修复画笔】工具相似：从图像或图案中提取样本像素涂改待修复处，使待修改处与样本像素在纹理、亮度和透明度上保持一致，从而达到用样本像素遮盖待修复处的目的。

与【修复画笔】不同的是，【污点修复画笔】不需要指定样本区。画笔会自动从待修复处的四周提取样本。

03 若对编辑效果不满意，可以选择【编辑】|【还原】命令还原，然后使用不同的【瞳孔大小】和【变暗量】尝试。本例设置【变暗量】数值为20%，然后再使用【红眼】工具单击红眼区域。

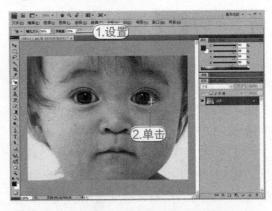

4.5.5 【红眼】工具

【红眼】工具可移去用闪光灯拍摄造成的人像或动物照片中的红眼，也可以移去用闪光灯拍摄造成的动物照片中的白色或绿

4.5.6 【历史记录画笔】工具

【历史记录画笔】工具可以将图像恢复到编辑过程中某一步骤的状态，或者将部分图像恢复为原样。该工具需要配合历史记

录面板使用。

【例4-14】在图像文件中，使用【历史记录画笔】工具修饰图像。◆视频+素材

01 在 Photoshop CS 4 应用程序中，选择【文件】|【打开】命令，打开一幅图像文件。

02 选择【图像】|【调整】|【色阶】命令，打开【色阶】对话框，调整图像。

03 打开【历史记录】面板。使用历史记录画笔的源图标█所在的位置将作为历史画

笔的源图像，由于打开图像时，图像的初始状态会自动记录在快照区，█图标也在原始图像的快照上。因此，可直接使用【历史记录画笔】恢复图像。

04 选择【历史记录画笔】工具，在选项栏中选择画笔为【尖角19像素】，【模式】设置为【叠加】，然后在图像中单击并拖动鼠标，被涂抹的区域的图像将恢复为原来的色彩效果。

4.6 图像润饰工具

在图像处理过程中，有时需要对图像画面的细节部分进行细微处理。Photoshop CS 4 提供了多个用于图像画面处理的工具，这些工具位于【工具】面板的修饰画面工具组中。

4.6.1 【模糊】与【锐化】工具

【模糊】工具█的作用是降低图像画面中相邻像素之间的反差，使边缘的区域变得柔和，从而产生模糊的效果，它也可以柔化模糊局部的图像。

【锐化】工具█与【模糊】工具相反，它是一种使图像色彩锐化的工具，也就是增大像素间的反差，达到清晰边线或图像的效果。其选项栏与【模糊】工具的选项栏基本相同。

【例4-15】在图像文件中，使用【模糊】工具修饰图像。◆视频+素材

01 在 Photoshop CS 4 应用程序中，选择【文件】|【打开】命令，打开一幅图像文件。

02 选择【模糊】工具，在选项栏中设置画笔样式，设置【强度】数值为100%，然后在图像中拖动涂抹。

4.6.2 【加深】与【减淡】工具

【减淡】工具🔍通过提高图像的曝光度来提高图像的亮度，使用时在图像需要亮化的区域反复拖动即可。

【加深】工具用于降低图像的曝光度，通常用来加深图像的阴影或对图像中高光的部分进行暗化处理。

【加深】工具🖐选项栏与【减淡】工具选项栏内容基本相同。

【例4-16】在图像文件中，使用【加深】工具修饰图像。📹视频+📂素材

🔟 在Photoshop CS 4应用程序中，选择【文件】|【打开】命令，打开一幅图像文件。

🔠 选择【加深】工具，在选项栏的【范围】下拉列表中选择【中间调】，然后在图像文件中按住鼠标拖动进行涂抹。

4.6.3 【海绵】工具

【海绵】工具🔵可以精确地修改色彩的饱和度。如果是灰度模式图像，该工具可以通过灰阶远离或靠近中间灰色来增加或降低对比度。选择该工具后，在画面单击并拖动鼠标涂抹即可。

4.6.4 【颜色替换】工具

【颜色替换】工具🖌能够简化对图像中特定颜色的替换。其使用校正颜色替换目标颜色。颜色替换工具不适用于【位图】、【索引】或【多通道】颜色模式下的图像。

【例4-17】在图像文件中，使用【颜色替换】工具修饰图像。📹视频+📂素材

🔟 在Photoshop CS 4应用程序中，选择【文件】|【打开】命令，打开一幅图像文件。选择【工具】面板中的【磁性套索】工具，沿图像文件中人物上衣的边缘拖动鼠标，创建选区。

🔠 选择【工具】面板中的【颜色替换】工具，在选项栏中设置【画笔】为150 px，在【模式】下拉列表中选择【颜色】选项，在【颜色】面板中设置 R G B = 120、170、50，然后在选区中拖动鼠标以替换选区内的图像颜色。

4.7 擦除工具

Photoshop CS 4中为用户提供了【橡皮擦】、【背景橡皮擦】和【魔术橡皮擦】3种擦除工具。使用这些工具，用户可以根据特定的需要，对图像画面进行擦除处理。

◆ 【橡皮擦】工具 ✎可以擦除图像并使用背景色填充。

◆ 【背景橡皮擦】工具 ✎是一种智能橡皮擦，它可以自动识别对象边缘，采集画笔中心的色样，并删除画笔内出现的颜色，使擦除区域成为透明区域。

◆ 【魔术橡皮擦】工具 ✎可以自动分析图像边缘，在【背景】图层或是锁定透明区域的图层中使用该工具，被擦除区域将变为背景色；在其他图层中使用该工具，被擦除区域会变为透明区域。

【例4-18】在图像文件中，使用【橡皮擦】工具擦除图像背景。 ◎视频+◎素材

01 在Photoshop CS 4应用程序中，选择【文件】|【打开】命令，打开图像文件。

02 选择【工具】面板中的【背景橡皮擦】工具，在选项栏中设置【容差】数值为20%。然后将光标放在靠近对象的位置，光标会变为带十字线的圆形，单击并拖动鼠标即可擦除背景。在擦除图像时，Photoshop会采集十字线位置的颜色，并将圆形区域内的类似颜色擦除。

Chapter

05

图像色彩调整

Photoshop CS 4中提供的图像色彩调整功能可以对有缺陷的图像进行调整，这在数码照片的处理上尤为重要。本章主要介绍【图像】|【调整】子菜单下各命令的使用，通过这些调整命令可以方便的调整图像的参数。

■ 常用颜色模式
■ 快速调整图像
■ 精细调整图像
■ 特殊效果调整

 参见随书光盘

5.1 常用颜色模式

颜色模式是描述颜色的依据，是用于表现色彩的一种数学算法，是指一幅图像用什么方式在电脑中显示或打印输出。常见的颜色模式包括位图、灰度、双色调、索引颜色、RGB颜色、CMYK颜色、Lab颜色、多通道及8位或16位/通道模式等。颜色模式的不同，对图像的描述和所能显示的颜色数量就会不同。除此之外，颜色模式还影响通道数量和文件大小。默认情况下，位图、灰度和索引颜色模式的图像只有1个通道；RGB和Lab颜色模式的图像有3个通道；CMYK颜色模式的图像有4个通道。

【位图】模式是由黑白两种像素组成的色彩模式，它有助于较为完善地控制灰度图像的打印。只有灰度模式或多通道模式的图像才能转换成位图模式。因此，要把RGB模式的图像转换成位图模式，应先将其转换成灰度模式，再由灰度模式转换成位图模式。

【灰度】模式中只存在灰度色彩，最多可达256级。灰度图像文件中，图像的色彩饱和度为0，亮度是唯一能够影响灰度图像的参数。在Photoshop CS 4应用程序中选择【图像】|【模式】|【灰度】命令将图像文件的颜色模式转换成灰度模式时，将出现一个警告对话框，提示这种转换将丢失颜色信息。

【双色调】模式通过1~4种自定油墨创建单色调、双色调（两种颜色）、三色调（三种颜色）和四色调（四种颜色）的灰度图像。对于使用专色的双色打印输出，双色调模式增大了灰色图像的色调范围。因为，双色调使用不同的彩色油墨重现不同的灰阶。

在HSB颜色模式中，H表示色相，S表示饱和度，B表示亮度，其色相沿着0°~360°的色环进行变换，只有在色彩编辑时才能看到这种色彩模式。如果用户想从彩色的颜色模式转换成双色调模式，需要先转换成灰度模式。

【索引】模式可生成最多256种颜色的8位图像文件。当图像转换为索引颜色时，Photoshop将构建一个颜色查找表，用以存放及索引图像中的颜色。如果原图像中的某种颜色没有出现在该表中，则程序将选取最接近的一种，或使用仿色以现有颜色模拟。

RGB是测光颜色模式，R代表Red（红色），G代表Green（绿色），B代表Blue（蓝色）。3种色彩叠加形成其他颜色，因为3种颜色每一种都有256个亮度水平级，所以彼此叠加就能形成1670万种颜色。RGB颜色模式因为是由红、绿、蓝相叠加形成其他颜色的，因此也叫做加色模式。图像色彩均由RGB数值决定。当R、G、B数值均为0时，为黑色；当R、G、B数值均为255时，为白色。

CMYK是印刷中必须使用的颜色模式。C代表青色，M代表洋红，Y代表黄色，K代表黑色。由于实际应用中，青色、洋红和黄色很难形成真正的黑色，因此引入黑色用来强化暗部色彩。在CMYK模式中，光线照到不同比例的C、M、Y、K油墨纸上，部分光谱被吸收后再反射到人眼中产生颜色，所以该模式是一种减色模式。使用CMYK模式产生颜色的方法叫做色光减色法。

◆ Lab模式包含的颜色最广，是一种与设备无关的模式。该模式由三个通道组成，其中一个通道代表发光率，即 L；另外两个用于表示颜色范围，a通道包括的颜色是从深绿色（低亮度值）到灰（中亮度值）再到亮粉红色（高亮度值）；b通道包括的颜色则是从亮蓝色（低亮度值）到灰（中亮度值）再到焦黄色（高亮度值）。当RGB颜色模式要转换成CMYK颜色模式时，通常要先转换为Lab颜色模式。

5.2　快速调整图像

在Photoshop CS4应用程序中，提供了一些简单的调整图像命令，如【自动色调】、【自动对比度】、【自动颜色】等。使用这些命令，用户可以快速完成对图像文件颜色、色调的调整。

5.2.1 【自动色调】命令

【自动色调】命令主要用于调整图像的明暗度。它先定义每个通道中最亮和最暗的像素作为白和黑，然后按比例重新分配其间的像素值。

【例5-1】在打开的图像文件中，应用【自动色调】命令。◆视频+素材

01 在Photoshop CS4应用程序中，选择【文件】|【打开】命令，打开一幅图像文件。

02 选择【图像】|【自动色调】命令，即可调整图像。

5.2.2 【自动对比度】命令

【自动对比度】命令可以自动调整一幅图像亮部和暗部的对比度。它将图像中最暗的像素转换成为黑色，最亮的像素转换为白色，从而增大图像的对比度。

【例5-2】在打开的图像文件中，应用【自动对比度】命令。◆视频+素材

01 在Photoshop CS4应用程序中，选择【文件】|【打开】命令，打开一幅图像文件。

02 选择【图像】|【自动对比度】命令，即可调整图像。

5.2.3 【自动颜色】命令

【自动颜色】通过搜索图像，标识阴影、中间调和高光，调整图像的对比度和颜色。默认情况下，【自动颜色】使用RGB 128灰色这一目标颜色来中和中间调，并将阴影和高光像素剪切 0.5%。可以在【自动颜色校正选项】对话框中更改这些默认值。

【例5-3】在打开的图像文件中，应用【自动颜色】命令。 视频+素材

01 在Photoshop CS 4应用程序中，选择【文件】|【打开】命令，打开一幅图像文件。

02 选择【图像】|【自动颜色】命令，即可调整图像。

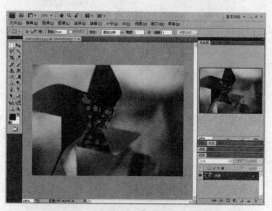

5.2.4 【色调均化】命令

【色调均化】命令将重新分布图像中像素的亮度值，以便它们更均匀地呈现所有范围的亮度级。

【色调均化】将重新映射复合图像中的像素值，使最亮的值呈现为白色，使最暗的值呈现为黑色，中间的值则均匀地分布在整个灰度中。当扫描的图像显得比原稿暗，并且想平衡这些值以产生较亮的图像时，可以使用【色调均化】命令。

【例5-4】在打开的图像文件中，应用【色调均化】命令。 视频+素材

01 在Photoshop CS 4应用程序中，选择【文件】|【打开】命令，打开一幅图像文件。

02 选择【图像】|【调整】|【色调均化】命令调整图像。

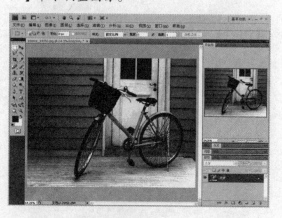

5.2.5 【变化】命令

【变化】命令可以让用户预览图像或选区调整前和调整后的缩略图，使用户更加准确、方便地调整图像或选区的色彩平衡、对

比度和饱和度。

【例5-5】在打开的图像文件中，应用【变化】命令。〔◎视频+◎素材〕

① 在Photoshop CS 4应用程序中，选择【文件】|【打开】命令，打开一幅图像文件。

② 选择【图像】|【调整】|【变化】命令，打开【变化】对话框。双击【加深黄色】、【加深青色】，单击【较亮】，然后单击【确定】按钮。

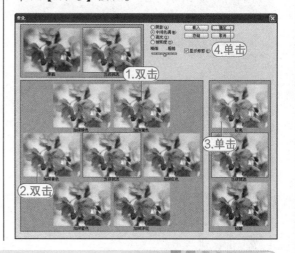

5.3 精细调整图像

Photoshop除提供了方便快捷的自动色彩调整命令外，还提供了对图像的色相、饱和度、亮度、对比度、颜色通道等各项参数进行自由调整的命令。

5.3.1 【色阶】命令

可以使用【色阶】命令，通过调整图像的阴影、中间调和高光的强度级别，从而校正图像的色调范围和色彩平衡。【色阶】直方图用作调整图像基本色调的直观参考。

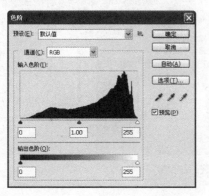

【输入色阶】用于调节图像的色调对比度，它由暗调、中间调及高光3个滑块组成。滑块往右移动图像越暗，反之则越亮。【输出色阶】用于调节图像的明度，使图像整体变亮或变暗。左边的黑色滑块用于调节深色系的色调，右边的白色的滑块用于调节浅色系的色调。二者下端文本框内显示设定结果的数值，也可通过改变文本框内的值对【输入色阶】、【输出色阶】进行调整。

【例5-6】在图像文件中，使用【色阶】命令调整图像效果。〔◎视频+◎素材〕

① 在Photoshop CS 4应用程序中，选择【文件】|【打开】命令，打开一幅图像文件。

02 选择【图像】|【调整】|【色阶】命令，或按快捷键Ctrl+L打开【色阶】对话框，调节色阶滑块。

03 在对话框的【通道】下拉列表中选择【红】选项，调节【色阶】滑块，然后单击【确定】按钮应用。

⊂ 专家指点 ⊃

在【色阶】对话框中还有3个吸管按钮，即【设置黑场】、【设置灰场】、【设置白场】。【设置黑场】按钮的功能是选定图像的某一色调。【设置灰点】的功能是将比选定色调暗的颜色全部处理为黑色。【设置白场】的功能是将比选定色调亮的颜色全部处理为白色，并将与选定色调相同的颜色处理为中间色。

5.3.2 【曲线】命令

与【色阶】命令相似，【曲线】命令也

可以用来调整图像的色调范围。但是，它不是通过定义暗调、中间调和高光三个变量来进行色调调整的，而是可以对图像的R（红色）、G（绿色）、B（蓝色）和RGB 4个通道中0~255范围内的任意点进行色彩调节，从而创造出更多种色调和色彩效果。选择菜单中选择【图像】|【调整】|【曲线】命令，可以打开【曲线】对话框。

【例5-7】在图像文件中，使用【曲线】命令调整图像效果。❖视频+❖素材

01 在 Photoshop CS 4 应用程序中，选择【文件】|【打开】命令，打开一幅图像文件。

02 选择【图像】|【调整】|【曲线】命令，在打开的【曲线】对话框中调整曲线形状。

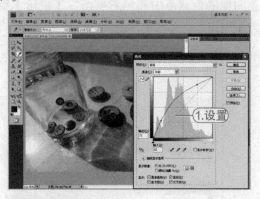

⊂ 注意事项 ⊃

在对话框中单击【铅笔】按钮，可以使用【铅笔】工具随意地在图表中绘制曲线形态。绘制完成后，还可以单击对话框中的【平滑】按钮，使绘制的曲线形态变得平滑。

03 在【通道】下拉列表中选择【蓝】，调节曲线，然后单击【确定】按钮应用。

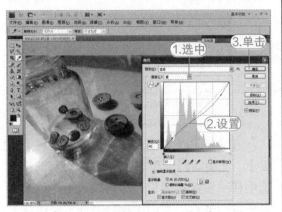

5.3.3 【色相/饱和度】命令

【色相/饱和度】命令主要用于改变图像像素的色相、饱和度和明度，还可以通过给像素定义新的色相和饱和度，实现给灰度图像上色的功能或创作单色调效果图像。

选择【图像】|【调整】|【色相/饱和度】命令，可以打开【色相/饱和度】对话框进行参数设置。由于位图和灰度模式的图像不能使用【色相/饱和度】命令，所以使用前必须先将其转化为RGB模式或其他颜色模式。

【例5-8】在图像文件中，使用【色相/饱和度】命令调整图像效果。◆视频+◆素材

01 在Photoshop CS4应用程序中，选择【文件】|【打开】命令，打开一幅图像文件。

02 选择【图像】|【调整】|【色相/饱和

度】命令，打开【色相/饱和度】对话框。在对话框的【编辑范围】下拉列表中选择【红色】选项，然后设置【饱和度】数值为25。

03 在【编辑范围】下拉列表中选择【蓝色】选项，然后设置【色相】数值为20，【饱和度】数值为85，然后单击【确定】按钮。

5.3.4 【自然饱和度】命令

【自然饱和度】命令调整饱和度以便在颜色接近最大饱和度时最大限度地减少修剪。该调整增加与已饱和的颜色相比不饱和的颜色的饱和度。【自然饱和度】命令还可防止肤色过度饱和。

选择【图像】|【调整】|【自然饱和度】命令，打开【自然饱和度】对话框。在对话框中有两个滑块，向左拖动滑块时，可以减少饱和度；向右拖动滑块时，可以增加饱和度。

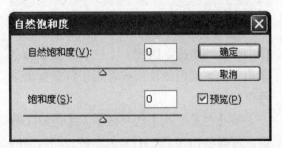

◆【自然饱和度】：拖动该滑块可以将

调整更多应用于不饱和的颜色，并在颜色接近完全饱和时避免颜色修剪。

❖ 【饱和度】：拖动该滑块可以将相同的饱和度调整用于所有颜色。

【例5-9】在图像文件中，使用【自然饱和度】命令调整图像效果。◆视频+◆素材

01 在 Photoshop CS4 应用程序中，选择【文件】|【打开】命令，打开一幅图像文件。

02 选择【图像】|【调整】|【自然饱和度】命令，打开【自然饱和度】对话框。在对话框中，设置【自然饱和度】数值为 –70，然后单击【确定】按钮。

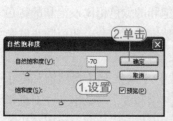

5.3.5 【色彩平衡】命令

使用【色彩平衡】命令可以调整彩色图像中颜色的组成。因此，【色彩平衡】命令多用于调整偏色图片，或者用于特意突出某种色调范围。

在【色彩平衡】选项区中，【色阶】数值框可调整 RGB 到 CMYK 色彩模式间对应的色彩变化，其取值范围为 –100~100。用户也

可以直接拖动文本框下方的颜色滑块来调整图像的色彩效果。

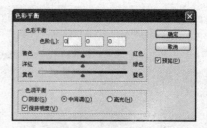

在【色调平衡】选项区中，可以对【阴影】、【中间调】和【高光】3项进行调整。选中任一单选按钮后，即可以对相应色调的颜色进行调整。选中【保持明度】复选框，则可以在调整色彩时保持图像明度不变。

【例5-10】在图像文件中，使用【色彩平衡】命令调整图像效果。◆视频+◆素材

01 在 Photoshop CS4 应用程序中，选择【文件】|【打开】命令，打开一幅图像文件。

02 选择【图像】|【调整】|【色彩平衡】命令，打开【色彩平衡】对话框。在对话框中设置【色阶】数值为 –46、0、100。

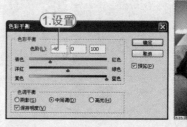

03 选中【阴影】单选按钮，设置【色阶】数值为 –47、–28、0，然后单击【确定】按钮。

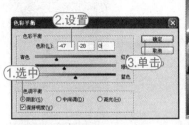

5.3.6 【黑白】命令

【黑白】命令可以将彩色图像转换为灰度图像，同时保持对各颜色转换方式的完全控制。也可以通过对图像应用某种色调来为灰度图像着色。

【例5-11】在图像文件中，使用【黑白】命令调整图像效果。◎视频+◎素材

01 在Photoshop CS4应用程序中，选择【文件】|【打开】命令，打开一幅图像文件。

02 选择【图像】|【调整】|【黑白】命令，打开【黑白】对话框。设置【红色】数值为20，【黄色】数值为80。

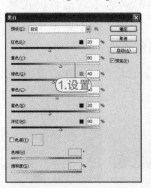

03 选中【色调】复选框，设置【色相】数值为78，【饱和度】数值为10，然后单击【确定】按钮。

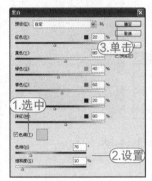

◎ 专家指点 ◎

使用【去色】命令，可以消除彩色图像中色相和饱和度的数据信息，使其成为具有原图像颜色模式的灰度图像。

5.3.7 【亮度/对比度】命令

【亮度/对比度】命令可以对图像的色调范围进行简单的调整。该命令对亮度和对比度差异不大的图像比较有效。

【例5-12】在图像文件中，使用【亮度/对比度】命令调整图像效果。◎视频+◎素材

01 在Photoshop CS4应用程序中，选择【文件】|【打开】命令，打开一幅图像文件。

02 选择【图像】|【调整】|【亮度/对比度】命令，打开【亮度/对比度】对话框。

设置【亮度】数值为35，【对比度】数值
为50，然后单击【确定】按钮。

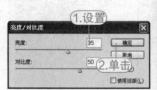

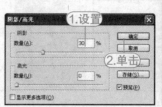

5.3.8 【阴影/高光】命令

【阴影/高光】命令适用于校正由于强逆
光而形成剪影效果的照片，也可用于校正由
于太接近相机闪光灯而有些发白的焦点。在
采用其他方式采光的图像中，还可以用于使
阴影区域变亮。

【阴影/高光】命令不是简单地使图像变
亮或变暗，它基于阴影或高光，使周围像素
(局部相邻像素)增亮或变暗。正因为如此，阴
影和高光都有各自的控制选项。默认值设置
为修复具有逆光问题的图像。

【例5-13】在图像文件中，使用【阴影/高光】命
令调整图像效果。◆视频+◆素材

01 在 Photoshop CS 4 应用程序中，选择
【文件】|【打开】命令，打开一幅图像文件。

02 选择【图像】|【调整】|【阴影/高
光】命令。

5.3.9 【匹配颜色】命令

【匹配颜色】命令是一个具有较高智能
化的命令，它可以在相同的或不相同的图像
之间进行颜色匹配，也就是使一幅图像使用
另一幅图像的色调。选择【图像】|【调整】|
【匹配颜色】命令，可以打开【匹配颜色】对
话框。

【例5-14】在图像文件中，使用【匹配颜色】命令
调整图像效果。◆视频+◆素材

01 启动 Photoshop CS 4 应用程序，选择
【文件】|【打开】命令，打开两幅图像文件。

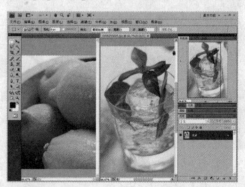

02 选择【图像】|【调整】|【匹配颜
色】命令，打开【匹配颜色】对话框。在对
话框的【图像统计】选项区的【源】下拉列
表中选择lemon.jpg图像文件。

⑩3 在【图像选项】中,选中【中和】复选框,设置【明亮度】数值为175,【颜色强度】数值为200,【渐隐】数值为30,然后单击【确定】按钮关闭对话框。

5.3.10 【可选颜色】命令

【可选颜色】命令可以有选择地修改任何主要颜色中的印刷色数量,而不会影响其他主要颜色。选择【图像】|【调整】|【可选颜色】命令,可以打开【可选颜色】对话框。

在对话框的【颜色】下拉列表框中,可以选择需调整的颜色。颜色主要有两类:一类是由加色模式形成的原色(红、绿、蓝);另一类是由减色模式形成的原色(黄、青、洋红);除了以上两类,还可以选择白色、中性色和黑色。

5.4 特殊效果调整

除了前面介绍的调整命令外,Photoshop CS4还提供了一些特殊的调整命令。这些命令通常用于增强颜色和产生特殊图像效果。

5.4.1 【通道混合器】命令

【通道混合器】命令主要是将当前颜色通道中的像素与其他颜色通道中的像素混合,以此来改变主通道的颜色,创造一些其他颜色调整工具不易完成的效果。

选择【图像】|【调整】|【通道混合器】命令,可以打开【通道混合器】对话框。选择的图像颜色模式不同,打开的【通道混合器】对话框也会略有不同。【通道混合器】命令只能用于RGB和CMYK模式图像,并且在执行该命令之前,必须在【通道】面板中选择主通道,而不能选择分色通道。

【例5-15】在图像文件中,使用【通道混合器】命令调整图像。 ◎视频+🎬素材

⑩1 在Photoshop CS4应用程序中,选择

【文件】|【打开】命令,打开一幅图像文件。

◎ 专家指点 ◎

【常数】选项用于调整【输出通道】的灰度值,如果设置的是负数数值,会增加更多的黑色;如果设置的是正数数值,会增加更多的白色。选中【单色】复选框,可将彩色图像变为无色彩的灰度图像。

⓵ 选择【图像】|【调整】|【通道混合器】命令。在【源通道】选项区中，设置【红色】数值为115%，【绿色】数值为–35%，【常数】数值为–15%。

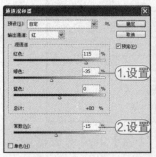

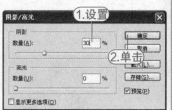

⓷ 在【输出通道】下拉列表中选择【绿】选项，在【源通道】选项区中，设置【绿色】数值为81%。

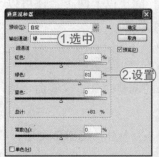

5.4.2 【照片滤镜】命令

【照片滤镜】命令可以模拟在相机镜头前加彩色滤镜的效果，还可以将特定的色相调整应用到图像上。

【例5-16】在图像文件中，使用【照片滤镜】命令调整图像效果。(⊙视频+❀素材)

⓵ 在Photoshop CS 4应用程序中，选择【文件】|【打开】命令，打开一幅图像文件。

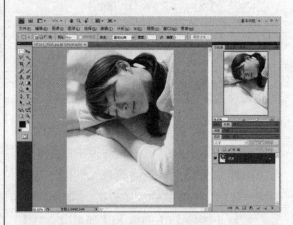

⓸ 在【输出通道】下拉列表中选择【蓝】选项，在【源通道】选项区中，设置【蓝色】数值为97%，然后单击【确定】按钮应用设置。

⓶ 选择【图像】|【调整】|【照片滤镜】命令，在【滤镜】下拉列表中选择【深褐】，设置【浓度】数值为50%，然后单击【确定】按钮。

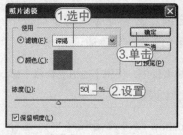

⓹ 选择【图像】|【调整】|【阴影/高光】命令，打开【阴影/高光】对话框。设置【数量】数值为30%，然后单击【确定】按钮。

5.4.3 【渐变映射】命令

使用【渐变映射】命令可以将所设置的渐变填充样式映射到相等的图像范围中。

如果设置了多色渐变填充样式，可以将渐变填充的起始位置的颜色映射到图像中的暗调图像区域，将终止位置的颜色映射到高光图像区域，将起始位置和终止位置之间的颜色层次映射到中间调图像区域。

【例5-17】在图像文件中，使用【渐变映射】命令调整图像效果。

①在Photoshop CS 4应用程序中，选择【文件】|【打开】命令，打开一幅图像文件。

②选择【图像】|【调整】|【渐变映射】命令，可以打开【渐变映射】对话框。在对话框中，选中【反向】复选框。

③单击【灰度映射所用的渐变】区域中的，在打开的渐变样式面板中单击弹出式菜单按钮，在菜单中选择【简单】预设渐变样式，然后在弹出的提示框中单击【确定】按钮。

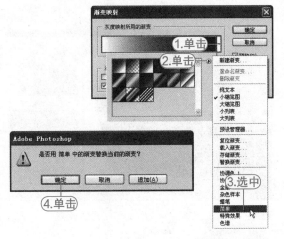

④在载入的【简单】渐变样式库中，单击选中【浅紫色】，然后单击【确定】按钮应用。

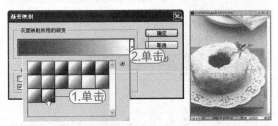

5.4.4 【色调分离】命令

【色调分离】命令可以为图像的每个颜色通道定制亮度级别。

只要在【色阶】文本框中输入需要的色阶数，就可以将像素以最接近的色阶显示出来，色阶数越大则颜色的变化越细腻，色调分离效果越不明显；色阶数越少，效果越明显。色阶的取值范围为0~255之间。

【例5-18】在图像文件中，使用【色调分离】命令调整图像效果。

①在Photoshop CS 4应用程序中，选择【文件】|【打开】命令，打开一幅图像文件。

②选择【图像】|【调整】|【色调分离】命令，打开【色调分离】对话框。在对话框中，设置【色阶】数值为5，然后单击【确定】按钮应用。

5.4.5 【阈值】命令

　　【阈值】命令可以将一张灰度图像或彩色图像转变为高对比度的黑白图像。可以在【阈值色阶】文本框内指定亮度值作为阈值，其变化范围是1~255。图像中所有亮度值比其最小值小的像素都将变为黑色，而所有

亮度值比其最大值大的像素都将变为白色，也可以直接调整滑块来进行调整。

　　【例5-19】在图像文件中，使用【阈值】命令调整图像效果。◎视频+◎素材

　　01 在 Photoshop CS 4 应用程序中，选择【文件】|【打开】命令，打开一幅图像文件。

　　02 选择【图像】|【调整】|【阈值】命令，在打开的【阈值】对话框中，设置【阈值色阶】数值为140，然后单击【确定】按钮。

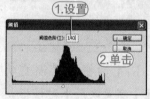

Chapter

06

图层的编辑操作

图层是 Photoshop 最基本、最重要、最常用的功能。使用图层可以方便的管理和修改图像，还可以创建各种特效。本章主要介绍图层的常用操作方法。

- 图层的概念
- 图层的操作
- 调整图层
- 填充图层
- 图层的不透明度
- 图层的混合模式
- 图层样式

 参见随书光盘

6.1 图层的概念

在 Photoshop CS 4 中，通过使用图层，用户可以非常方便、快捷地处理图像，从而制作出各种各样的图像特效。图层的大部分操作都是在【图层】面板中实现的，如新建图层、复制图层等，因此，不仅要了解图层，还要掌握【图层】面板的使用方法。

6.1.1 图层简述

图层是 Photoshop 中非常重要的一个概念，它是实现在 Photoshop 中绘制和处理图像的基础。图层看起来似乎非常复杂，但实际上却相当的简单。图像文件中的不同部分分别放置在不同的独立图层上，这些图层就好像一些互相堆叠在一起的带有图像的透明拷贝纸。将图像的各个部分放置在独立的图层上，可以避免对某个部分的更改影响其他部分。绘图、使用滤镜、调整图像这些操作只影响当前图层。如果对某一图层的编辑结果不满意，可以放弃这些修改，重新再做，而文档的其他部分不会受到影响。

6.1.2 【图层】面板

对图层的操作都是在【图层】面板上完成的，选择【窗口】|【图层】命令，可以打开【图层】面板。单击【图层】面板右上角的扩展菜单按钮，可以打开【图层】面板扩展菜单。

【图层】面板用于创建、编辑和管理图层以及为图层添加样式等操作。面板中列出了所有的图层、图层组和图层效果。如要对某一图层进行编辑，首先需要在【图层】面板中单击选中该图层，所选中的图层称为当前图层。

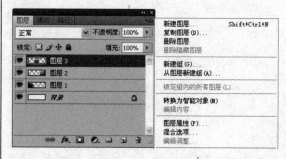

在【图层】面板中有一些功能设置按钮与选项，通过设置它们可以直接对图层进行相应的编辑操作。使用这些按钮等同于执行【图层】面板中的相关命令。

● 锁定按钮：用来锁定当前图层的属性，包括图像像素、透明像素和位置。

● 设置图层混合模式：用来设置当前图层的混合模式，可以混合所选图层中与下方所有图层中的图像。

● 设置图层不透明度：用于设置当前图层中图像的整体不透明程度。

● 设置填充不透明度：该选项用于设置图层中图像的不透明度，对于已应用于图层的图层样式，则不产生任何影响。

● 图层显示标志：用于显示或隐藏图层。当图层左侧显示有此图标时，表示图像窗口将显示该图层的图像。此时，单击该图标，图标将消失并隐藏图像窗口中该图层的图像。

● 链接图层：可将选中的两个或两个以上的图层（组）进行链接，链接后的图层（组）可以同时进行相关操作。

添加图层样式 **fx.**：用于为当前图层添加图层样式效果，单击该按钮，将弹出命令菜单，从中可以选择相应的命令为图层添加特殊效果。

添加图层蒙版 **◖■**：单击该按钮，可以为当前图层添加图层蒙版。

创建新的填充或调整图层 **◕.**：用于创建填充或调整图层。单击该按钮，在弹出的命令菜单中可以选择所需的填充或调整命令。

创建新组 **▢**：单击该按钮，可以创建新的图层组，它可以包含多个图层，并可将包含的图层作为一个对象进行查看、复制、移动、调整顺序等操作。

创建新图层 **▣**：单击该按钮，可以创建一个新的空白图层。

删除图层 **🗑**：单击该按钮可以删除当前图层。

另外，每个图层在【图层】面板中都会有一个缩览图，用于显示该图层中的图像内容。想要调整其显示大小，可以单击【图层】面板右上角的扩展菜单按钮，在打开的面板控制菜单中选择【面板选项】命令，在对话框中，可以根据需要设置。

6.2 图层的操作

通过【图层】面板，用户可以方便的实现图层的创建、复制、删除、排序、对齐、合并等操作，这也是进行复杂的图像编辑处理所必需掌握的知识点。

6.2.1 创建图层

创建图层是进行图层处理的基础。在Photoshop CS4中，用户可以在一个图像中创建很多图层，它们可以是不同用途的，主要有普通图层、调整图层和填充图层。

Photoshop会自动创建用户所需的大部分图层，如拷贝和粘贴图像及在两个文件之间拖动图层时，都会自动添加一个新的图层。

创建普通的空白图层有两种方法，一种方法是单击【图层】面板底部的【创建新图层】按钮，它会在当前图层上新建一个图层，并让它自动成为当前图层。另一种方法是选择菜单栏中的【图层】|【新建图层】命令或单击【图层】面板右上角的扩展菜单按

钮，在打开的控制菜单中选择【新建图层】命令，打开【新建图层】对话框。

◉ **专家指点**

如果要在当前图层的下面新建图层，可以按住Ctrl键再单击【创建新图层】按钮。但【背景】图层下面不能创建图层。

【例6-1】在打开的图像文件中，根据设置创建新图层。📹视频 + 📄素材

01 选择【文件】|【打开】命令，打开一幅图像文件。在【图层】面板中单击【创建新图层】按钮，创建【图层1】。

02 单击【图层】面板右上角的面板菜单按钮，在弹出的菜单中选择【新建图层】命令，打开【新建图层】对话框。

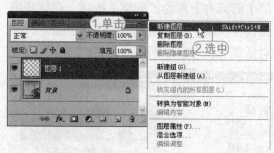

02 选择【工具】面板中的【椭圆选框】工具，单击【添加到选区】按钮，设置【羽化】数值为30px，在【样式】下拉列表中选择【固定比例】选项，然后在图像文件中创建选区。

03 在对话框的【名称】文本框中输入"自定义图层"，在【颜色】下拉列表中选择【红色】选项，在【模式】下拉列表中选择【正片叠底】选项，然后单击【确定】按钮应用设置，创建【自定义图层】。

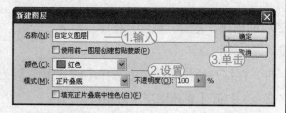

6.2.2 复制图层

在复制图层时，可以在同一图像文件内复制任何图层（包括【背景】图层），也可以复制某一个图像文件中的图层至另一个图像文件中。

选择【图层】|【复制图层】命令，可以打开【复制图层】对话框，设置该对话框中的参数选项，复制图层。

【例6-2】在打开的图像文件中，复制图层至新建图像文件中。◎视频+◎素材

01 选择【文件】|【打开】命令，打开一幅图像文件。

03 按快捷键Ctrl+J复制选区内的图像，并创建【图层1】。单击面板右上角的面板菜单按钮，在弹出的菜单中选择【复制图层】命令，打开【复制图层】对话框。

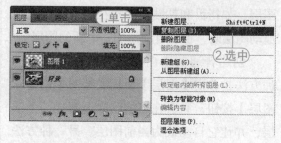

04 在对话框的【目标】选项区的【文档】下拉列表中选择【新建】选项，在【名称】文本框中输入"复制图层"。

05 设置完成后，单击【确定】按钮，新建图像文件并复制图层。

6.2.3 删除图层

在图像处理中，对于一些不使用的图层，虽然可以通过隐藏图层的方式取消它们对图像整体显示效果的影响，但是它们仍然存在于图像文件中，并且占用一定的磁盘空间。因此，用户应该根据需要及时删除【图层】面板中不需要的图层，以精简图像文件。删除图层有以下几种方法：

🔹 选择需要删除的图层，拖动其至【图层】面板底部的【删除图层】按钮上并释放。

🔹 选择需要删除的图层，单击【图层】面板底部的【删除图层】按钮，在弹出的对话框中单击【是】按钮。

🔹 选择需要删除的图层，单击右键，在弹出的菜单中选择【删除图层】命令，然后在弹出的对话框中单击【是】按钮。

6.2.4 合并图层

要想合并【图层】面板中的多个图层，可以在【图层】面板的控制菜单中选择相关的合并命令。

🔹 【向下合并】命令：选择该命令，会合并当前选择的图层及其下方的图层，并以当前选择的图层的下方的图层名称作为新图层的名称。

🔹 【合并可见图层】命令：选择该命令，会将【图层】面板中所有可见图层合并之当前选择的图层中。

🔹 【拼合图像】命令：选择该命令，会合并当前所有的可见图层，并且删除【图层】面板中的隐藏图层。在删除隐藏图层的过程中，会弹出一个提示对话框，单击【确定】按钮即可完成图层的合并。

6.2.5 盖印图层

盖印图层操作可以将多个图层的内容合并为一个目标图层，并且保持原图层的独立、完好。盖印图层有以下两种方法：

🔹 按快捷键Ctrl+Alt+E可以将选定的图层内容合并，并创建一个新图层。

🔹 按快捷键Shift+Ctrl+Alt+E可以将【图层】面板中所有可见图层的内容合并到新建图层中。

【例6-3】在编辑的图像文件中，使用盖印合并图层效果。💠视频＋🗐素材

01 选择【文件】|【打开】命令，打开一幅素材图像文件，并按快捷键Ctrl+J复制【背景】图层。

02 选择【矩形选框】工具，在图像文件中创建选区。

③ 单击选项栏中的【调整边缘】按钮，打开【调整边缘】对话框。在对话框中，设置【羽化】数值为5像素，【收缩/扩展】数值为30%，然后单击【确定】按钮。

④ 按快捷键Shift+Ctrl+I反选图像区域，按快捷键Ctrl+Backspace使用背景色填充选区，并按快捷键Ctrl+D取消选区。

⑤ 选择【文件】|【置入】命令，打开【置入】对话框。在对话框中，选中c_1.ai图像，然后单击【置入】按钮。

⑥ 在打开的【置入PDF】对话框的【缩览图大小】下拉列表中选择【大】选项，然后单击【确定】按钮。

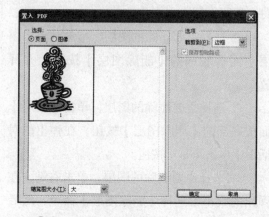

⑦ 调整置入图像的大小及位置，并按Enter键应用。

08 在【图层】面板中选中【图层1】和置入图像图层，按快捷键Ctrl+Alt+E将选定的图层内容合并，并创建一个新图层。

6.2.6 对齐与分布图层

在Photoshop中，可以让几个图层按照一定的方式沿着直线自动对齐或按照一定的间距进行分布。

1. 自动对齐图层

【自动对齐图层】命令可以根据不同图层中的相似内容自动对齐图层。可以指定一个图层作为参考图层，也可以让Photoshop自动选择参考图层。其他图层将与参考图层对齐，以便匹配的内容能够自行叠加。

自动对齐图层时，首先将要对齐的图像置入到同一文档中，并且每个图像都要位于单独的图层。在【图层】面板中选中要对齐的图层，选择【编辑】|【自动对齐图层】命令，打开【自动对齐图层】对话框，选择某个对齐选项后，单击【确定】按钮，Photoshop就会自动对齐图层。

【例6-4】在打开的图像文件中，使用【自动对齐图层】命令制作全景图。◎视频+◎素材

01 选择【文件】|【打开】命令，打开一幅素材图像文件。

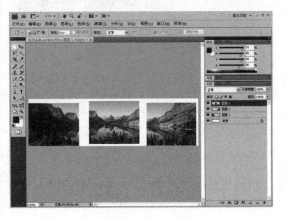

02 在【图层】面板中，按住Ctrl键再单击选中【图层1】、【图层2】和【图层3】。

03 选择【编辑】|【自动对齐图层】命令，在打开的【自动对齐图层】对话框中，选择【拼贴】单选按钮，然后单击【确定】按钮。

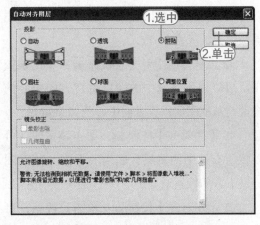

04 选择【工具】面板中的【裁剪】工具，在图像画面中裁剪多余区域。

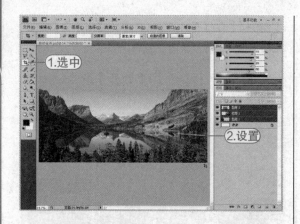

专家指点

如果要将共享重叠区域的多个图像缝合在一起(如创建全景图),可使用【自动】、【透视】或【圆柱】选项;如果要将扫描图像与位移内容对齐,可使用【仅调整位置】选项。

2. 对齐与分布图层

在【图层】面板中选择2个图层,然后选择【移动】工具,这时选项栏中的【对齐】按钮被激活。如果选择了3个或3个以上的图层,选项栏中的【分布】按钮也被激活。

【顶对齐】按钮：单击该按钮,可以将所有选中的图层最顶端的像素与基准图层最上方的像素对齐。

【垂直居中对齐】按钮：单击该按钮,可以将所有选中的图层垂直方向中心的像素与基准图层垂直方向中心的像素对齐。

【底对齐】按钮：单击该按钮,可以将所有选中的图层最底端的像素与基准图层最下方的像素对齐。

【左对齐】按钮：单击该按钮,可以将所有选中的图层最左端的像素与基准图层最左端的像素对齐。

【水平居中对齐】按钮：单击该按钮,可以将所有选中的图层水平方向中心的像素与基准图层水平方向中心的像素对齐。

【右对齐】按钮：单击该按钮,可以将所有选中图层最右端的像素与基准图层最右端的像素对齐。

【按顶分布】按钮：单击该按钮,可以将所有选中图层从最顶端的像素开始,间隔均匀地分布像素。

【垂直居中分布】按钮：单击该按钮,可以将所有选中图层从垂直居中的像素开始,间隔均匀地分布像素。

【按底分布】按钮：单击该按钮,可以将所有选中图层从最底部的像素开始,间隔均匀地分布像素。

【按左分布】按钮：单击该按钮,可以将所有选中图层从最左侧的像素开始,间隔均匀地分布像素。

【水平居中分布】按钮：单击该按钮,可以将所有选中图层从水平中心的像素开始,间隔均匀地分布像素。

【按右分布】按钮：单击该按钮,可以将所有选中图层从最右边的像素开始,间隔均匀地分布像素。

6.2.7 链接图层

链接图层可以链接两个及两个以上图层(组),以同时进行移动或变换操作。与同时选定多个图层不同,链接的图层将保持关联,直至取消它们的链接为止。

在【图层】面板中选择多个图层(组)后,单击面板底部的【链接图层】按钮即可将图层进行链接。

要取消图层链接,可以选择一个已链接的图层,然后单击链接图标。若是要临时停用某链接图层，可按住Shift键并单击该链接图层的链接图标 ，此时图标上出现一个红色的 ✗ 表示该图层链接停用。按住Shift键再次单击 ✗ 图标可重新启用链接。

6.3 调整图层

通过创建以【色阶】、【色彩平衡】、【曲线】等调整命令功能为基础的调整图层，用户可以对其下方图层中的图像进行调整处理，并且不会破坏原图像文件。

6.3.1 【调整】面板

在Photoshop CS4中新增加了【调整】面板。可以通过单击面板中用于调整颜色和色调的命令图标选择调整参数选项，并创建非破坏性的调整图层。

为了方便操作，【调整】面板中提供了常规图像校正的一系列调整预设，例如色阶、曲线、曝光度、色相/饱和度、黑白、通道混合器以及可选颜色。只要单击名称，就可将其应用于图像上。

在【调整】面板的底部，还有一排工具按钮。单击【返回当前调整图层的控制】按钮 可以从显示调整图标和预设返回到当前【调整】面板。【返回到调整列表】按钮 将【调整】面板返回到显示调整按钮和预设列表。

单击【此调整影响下面所有的图层】按钮 可以将调整应用于【图层】面板中某调整图层下方的所有图层。再次单击该按钮，其变为【剪切到图层】按钮 ，此时调整图层只作用于下一层。

单击【切换图层可见性】按钮 ，可以显示或隐藏调整图层。按住【查看上一状态】按钮 可以查看调整前效果。

单击【恢复到默认设置】按钮 可将调整图层恢复到其原始设置。单击【删除此调整图层】按钮 可以删除调整图层；在【图层】面板中，单击【删除图层】按钮也可以直接删除调整图层。

6.3.2 创建调整图层

要创建调整图层，可选择菜单栏中的【图层】|【新建调整图层】命令，并在其子菜单中选择所需的调整命令；或在【图层】面板底部单击【创建新的填充或调整图层】按钮，在打开的菜单中选择相应的调整命令；或直接在【调整】面板中单击需要的命令图标进行创建。

【例6-5】在图像文件中，使用调整图层调整图像效果。◈视频+◈素材

01 在Photoshop CS4应用程序中，选择【文件】|【打开】命令，打开图像文件。

02 在【调整】面板中单击【亮度/对比

度】按钮 ❖，然后设置【亮度】为65，【对比度】为40，创建【亮度/对比度1】调整图层。

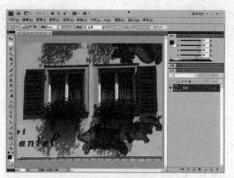

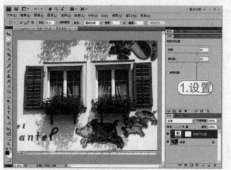

③ 单击【调整】面板中的【返回到调整列表】按钮 ◀，然后单击【照片滤镜】按钮 ◉。

④ 在【调整】面板的【滤镜】下拉列表中选择【深褐】选项，然后设置【浓度】为

50%，创建【照片滤镜1】调整图层。

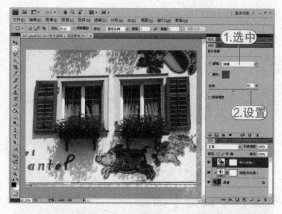

⑤ 在【图层】面板中，选中【亮度/对比度1】图层，然后在【调整】面板中重新设置【亮度】为125。

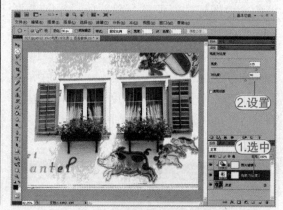

6.4 填充图层

使用填充图层，可以在图像文件上叠加纯色、渐变或图案，并且可以设置叠加的不透明度和混合模式等效果。在【图层】面板中，单击【创建新的填充或调整图层】按钮 ◉，或选择菜单栏的【图层】|【新建填充图层】命令子菜单中的相应命令，即可填充图层。

【例6-6】在图像文件中，使用填充图层填充图像效果。 ◈视频+◈素材

① 选择【文件】|【打开】命令，打开一幅图像文件。

② 在【图层】面板中单击【创建新建的填充或调整图层】按钮，在打开的菜单中选择【渐变】命令。在【渐变填充】对话框的【样式】下拉列表中选择【径向】选项，选中【反相】复选框，设置【缩放】数值为

150%，然后单击【确定】按钮。

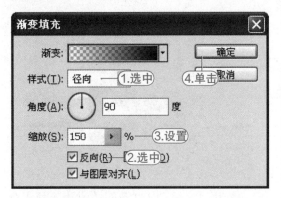

03 选择【矩形选框】工具，在选项栏中单击【从选区减去】按钮，然后使用选框工具创建选区。

04 选择【图层】|【新建填充图层】|【图案】命令，在【新建图层】对话框的【模式】下拉列表中选择【亮光】选项，设置【不透明度】数值为80%，然后单击【确定】按钮。

05 打开【图案填充】对话框，在图案样式下拉面板中选择【箭尾】图案样式，设置【缩放】数值为200%。

专家指点

在打开的【图案填充】对话框中，可单击图案，然后从弹出式面板中选取一种图案。可单击【缩放】，输入值或拖动滑块调整正图像大小。可单击【贴紧原点】，使图案的原点与图像文件的原点相同。如果希望图案与图层能一起移动，可选中【与图层链接】复选框。

06 单击【确定】按钮应用填充。在【图层】面板中，选中【渐变填充1】图层，设置【不透明度】数值为30%。

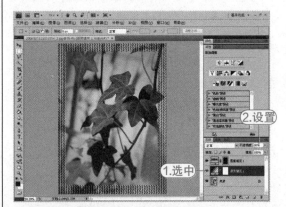

专家指点

要想更改填充图层的填充内容，可以选择需操作的填充图层，然后选择菜单栏中的【图层】|【图层内容选项】命令，重新进行填充设置。

6.5 图层的不透明度

图层的不透明度是用来控制选定图层遮蔽或显示其下方图层的程度。【图层】面板中的【不透明度】文本框控制着当前图层的不透明度。当不透明度为1%时，当前图层看起来几乎透明；而不透明度为100%时，当前图层完全不透明。

【例6-7】在图像文件中，使用【不透明度】调整图像效果。◎视频＋⑤素材

01 启动 Photoshop CS4 应用程序后，选择【文件】|【打开】命令，打开两幅图像文件。选择【工具】面板中的【魔棒】工具，在选项栏中设置【容差】为10px，然后在图像文件背景区域单击创建选区。

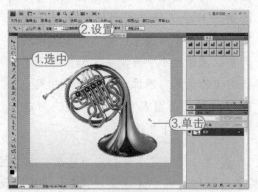

02 选择【选择】|【选取相似】命令，按快捷键 Shift+Ctrl+I 反选选区，再按快捷键 Ctrl+C 复制选区内的图像。

03 选中背景图像文件，按快捷键 Ctrl+V 复制剪贴板中的图像内容至正在编辑的图像文件。选中【图层】面板的【图层1】图层，在【混合模式】下拉列表中选择【颜色加深】，设置【不透明度】为60%。

04 按快捷键 Ctrl+T 应用【自由变换】命令，调整图像大小及位置，然后按 Enter 键应用。

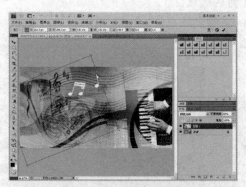

◀ 注意事项 ▶

用户也可以通过【图层】面板中的【填充】数值框设置图层中图像的不透明度，其对于应用于图层的图层样式不产生任何影响。

6.6 图层的混合模式

图层的混合模式指当图像叠加时，将上方图层和下方图层的像素进行混合，从而得到另外一种图像效果，即图层混合模式只能在两个图层的图像之间产生作用。【背景】图层不能设置为图层混合模式。如果想为【背景】图层设置混合效果，必须先将其转换为普通图层。

在【图层】面板的【图层混合模式】下拉列表框中，可以选择【正常】、【溶解】、【滤色】等25种混合模式。现简单说明如下：

　　● 【正常】模式：这是 Photoshop 的默认模式，使用时不产生任何特殊效果。

　　● 【溶解】模式：选择此选项后，图像画面产生溶解的粒状效果。不透明度值越小，溶解效果越明显。

　　● 【变暗】模式：选择此选项后，在绘制图像时，软件将取两种颜色的暗色作为最终色，亮于底色的颜色将被替换，暗于底色的颜色保持不变。

　　● 【正片叠底】模式：选择此选项后，

将产生比底色与绘制色都暗的颜色,可以用来制作阴影效果。

【颜色加深】模式:选择此选项后,可以使图像色彩夹生,图像亮度降低。

【线性加深】模式:选择此选项后,系统会通过降低亮度使底色变暗从而反映绘制色。当与白色混合时,不发生变化。

【深色】模式:选择此选项后,系统将从底色和混合色中选择最小的通道值来创建结果颜色。

【变亮】模式:这种模式只有在当前颜色比底色深的情况下才起作用,底图的浅色将覆盖绘制的深色。

【滤色】模式:此选项与【正片叠底】选项的功能相反。任何颜色的底色与绘制的黑色混合,原颜色不受影响;与绘制的白色混合,将得到白色;和绘制的其他颜色混合,将得到漂白效果。

【颜色减淡】模式:选择此选项后,将通过减低对比度,使底色的颜色变亮来反映绘制的颜色,与黑色混合没有变化。

【线性减淡(添加)】模式:选择此选项后,将通过增加亮度,使底色的颜色变亮来反映绘制的颜色,与黑色混合没有变化。

【浅色】模式:选择此选项后,系统将从底色和混合色中选择最大的通道值来创建结果颜色。

【叠加】模式:选择此选项后,图案或颜色将在现有像素上叠加,同时保留基色的明暗对比。

【柔光】模式:选择此选项后,系统将根据绘制色的明暗程度来决定最终是变亮还是变暗。当绘制的颜色比50%的灰暗时,图像将通过增加对比度变暗。

【强光】模式:选择此选项后,系统将根据混合色决定是执行【正片叠底】模式还是【过滤】模式。当绘制的颜色比50%灰亮时,底色图像变亮;当比50%的灰色暗时,底色图像变暗。

【亮光】模式:选择此选项后,系统将根据绘制色通过增加或降低对比度来加深或者减淡颜色。当绘制的颜色比50%的灰色暗时,图像将通过增加对比度变暗。

【线性光】模式:选择此选项后,系统将根据绘制色通过增加或降低亮度来加深或减淡颜色。当绘制的颜色比50%的灰色亮时,图像通过增加亮度变亮,当比50%的灰色暗时,图像通过降低亮度变暗。

【点光】:选择此选项后,系统将根据绘制色来替换颜色。当绘制色比50%的灰色亮时,比绘制色暗被替换,比绘制色亮的像素不被替换;当绘制色比50%的灰色暗时,比绘制色亮的像素被替换,比绘制的色暗的像素不被替换。

【实色混合】模式:选择此选项后,混合色的红色、绿色和蓝色通道数值将添加到底色的 RGB 值中。如果通道计算的结果总和大于或等于255,则值为255;如果小于255,则值为0。因此,所有混合像素的红色、绿色和蓝色通道值要么是0,要么是255。这会将所有像素更改为原色,即红色、绿色、蓝色、青色、黄色、洋红、白色或黑色。

【差值】模式:选择此选项后,系统将用较亮的像素值减去较暗的像素值,将其差值作为最终的像素值。当与白色混合时将使底色变成相反的颜色,与黑色混合则不产生任何变化。

● 【排除】模式：选择此选项后，可生成与【差值】模式相似的效果，但比【差值】模式生成的颜色对比度要小，因而颜色较柔和。

● 【色相】模式：选择此选项后，系统将采用底色的亮度、饱和度以及绘制色的色相来创建最终颜色。

● 【饱和度】模式：选择此选项后，系统将采用底色的亮度、色相以及绘制色的饱和度来创建最终颜色。

● 【颜色】模式：选择此选项后，系统将采用底色的亮度以及绘制色的色相、饱和度来创建最终颜色。

● 【明度】模式：选择此选项后，系统将采用底色的色相、饱和度以及绘制色的明度来创建最终颜色。此选项的实现效果与【颜色】选项相反。

> **注意事项**
>
> 在图层混合模式中，需要注意的是，仅有【正常】、【溶解】、【变暗】、【正片叠底】、【变亮】、【线性减淡（添加）】、【差值】、【色相】、【饱和度】、【颜色】、【亮度】、【浅色】和【深色】混合模式适用于32位图像。

【例6-8】在图像文件中，使用【混合模式】调整图像效果。 视频+素材

① 在 Photoshop CS 4 应用程序中，选择【文件】|【打开】命令，打开两幅图像文件。在五线谱图像文件中，按快捷键Ctrl+A全选图像文件，按快捷键Ctrl+C拷贝图像内容。

② 选中风景图像文件，按快捷键Ctrl+V将五线谱图像粘贴其中。按快捷键Ctrl+T应用【自由变换】命令调整图像。

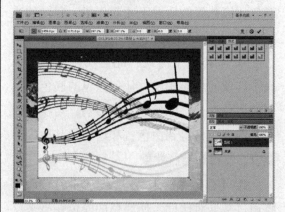

③ 在【图层】面板的【混合模式】下拉列表中选择【正片叠底】，设置【不透明度】数值为50%。

6.7 图层样式

为了使图层中的图像得到更多的视觉效果，Photoshop中提供了图层样式功能。使用这些图层样式，可以对当前图层中的图像应用投影、阴影、发光、斜面、浮雕等视觉效果，用户

可以根据实际需要应用其中的一种或多种。

6.7.1 【图层样式】对话框

如要为图层添加样式，可以在选择图层后，选择【图层】|【图层样式】子菜单中的命令，打开【图层样式】对话框，并进入到相应的效果设置面板；也可以在【图层】面板中单击【添加图层样式】按钮，在打开的菜单中选择一个样式，打开【图层样式】对话框，并进入到相应的效果设置面板；还可以双击需要添加样式的图层，打开【图层样式】对话框，在对话框左侧选择要添加的效果，即可以切换到该效果的设置面板。

> ◎ 注意事项 ◎
>
> 【背景】图层不能添加图层样式。如果要为【背景】添加样式，需要先将其转换为普通图层。

【图层样式】对话框的左侧列出了10种效果。

◆【投影】命令：可以为图层中的图像创建阴影效果。

◆【内阴影】命令：可以在图层中的图像边缘内部增加投影效果，使图像产生立体和凹陷的视觉感。

◆【外发光】命令：可以在图层中的图像边缘产生一种光照效果。

◆【内发光】命令：可以在图层中的图像边缘内部增加发光效果。

◆【斜面和浮雕】命令：可以为图层中的图像添加不同形式的斜面与浮雕效果。

◆【光泽】命令：可以创建光滑的、有光泽的内部阴影。

◆【颜色】、【渐变】、【图案叠加】命令：可以使用颜色、渐变或图案填充图层内容。

◆【描边】命令：可以将图层中的图像边缘向外或向内填充内容，也可以将图层中的图像从中心向图像的边缘填充，填充类型可为颜色、渐变或图案。

【例6-9】在图像文件中，使用【图层样式】调整图像效果。 ◎视频＋◎素材

01 选择【文件】|【打开】命令，打开一幅图像文件。按快捷键Ctrl+J复制【背景】图层，然后将【背景】图层转换为普通图层。

02 在【图层】面板中，选中【图层1】图层，按快捷键Ctrl+T应用【自由变换】命令缩小图像。

03 在【图层】面板中，单击【创建新图层】按钮创建【图层2】。选择【矩形选框】工具，单击选项栏中的【从选区减去】按钮，然后在图层创建选区。

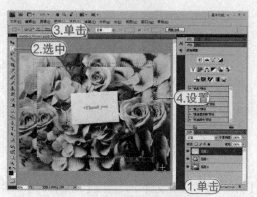

04 选择【编辑】|【填充】命令，打开

【填充】对话框。在对话框的【使用】下拉列表中选择【图案】选项，在【自定图案】下拉面板中选中【生锈金属】图案，设置【不透明度】数值为100%，然后单击【确定】按钮应用。

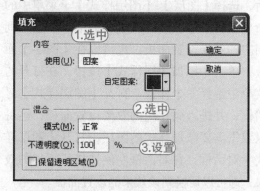

05 按快捷键Ctrl+D取消选区。双击【图层2】图层打开【图层样式】对话框。选中【斜面和浮雕】选项，设置【深度】为100%，【大小】为7像素；单击【光泽等高线】下拉面板按钮，在打开下拉面板中选择【画圆步骤】。

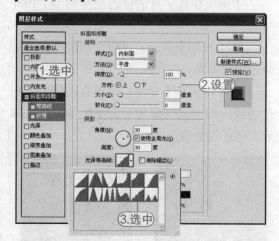

06 在【图层样式】对话框左侧的样式列表中选择【投影】样式，设置【不透明度】为45%，【大小】为3像素，然后单击【确定】按钮应用图层样式效果。

07 选中【图层0】图层，选择【图像】|【调整】|【色相/饱和度】命令。在打开的对话框中设置【明度】数值为60，然后单击【确定】按钮。

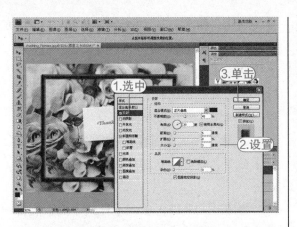

6.7.2 使用预设样式

在Photoshop CS4中，可以通过【样式】面板对图像或文字应用预设图层样式效果，并且可以对预设样式进行编辑处理。

先选择要操作的对象，然后在打开的【样式】面板中单击需要的样式，即可对选中的对象应用样式效果。

【例6-10】在图像文件中，使用预设样式并调整。

⊙视频

01 选择【文件】|【新建】命令，打开【新建】对话框。在对话框中，设置【宽度】和【高度】数值为400像素，【分辨率】数值为300像素/英寸，然后单击【确定】按钮。

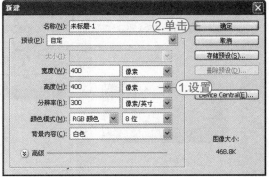

02 选择【工具】面板中的【圆角矩形】工具，在选项栏中单击【形状图层】按钮，设置【半径】数值为10px，然后在图像文件中绘制。

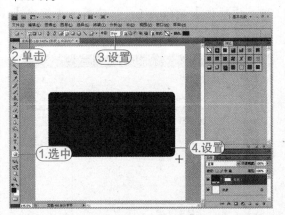

03 单击【样式】面板右上角的面板菜单按钮，在弹出式菜单中选择【玻璃按钮】命令；在弹出的"是否替换样式"提示对话框中，单击【确定】按钮，再在弹出的"是否存储更改"的提示对话框中，单击【否】按钮。

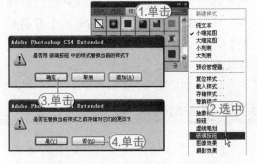

04 在【样式】面板中单击【黄色玻璃】样式，并双击【形状1】图层中的【斜面和浮雕】图层样式。

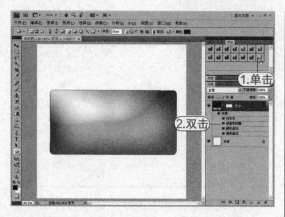

⑤ 在打开的【图层样式】对话框的【方法】下拉列表中选择【雕刻清晰】选项，设置【深度】数值为230%，【大小】数值为21，【软化】数值为5，然后单击【确定】按钮应用修改后的图层样式。

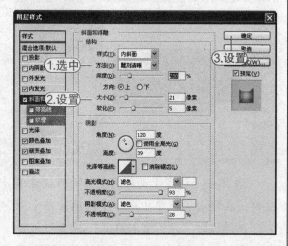

注意事项

如果想把现有的【样式】面板状态进行保存，可以选择面板扩展菜单中的【存储样式】命令，在打开的【存储】对话框中进行保存。

6.7.3 创建新样式

【样式】面板可以保存自定义的样式，使以后可以方便对其他图像使用相同的样式。创建新样式时，首先在【图层】面板中选择包含要存储为预设样式的图层，然后选

择下列任一种方法进行操作：

🔷 在【样式】面板的空白区域，当光标变为时单击，弹出【新建样式】对话框。输入预设样式的名称，设置样式选项，然后单击【确定】按钮保存样式。

🔷 从【样式】面板菜单中选择【新建样式】命令，打开【新建样式】对话框保存样式。

🔷 按住 Alt 键再单击【样式】面板底部的【创建新样式】按钮，也可以打开【新建样式】对话框保存样式。如果直接单击【创建新样式】按钮，则可以创建新样式，但不打开【新建样式】对话框，样式的名称将使用系统默认的名称。

🔷 选择【图层】|【图层样式】|【混合选项】命令，在打开的【图层样式】对话框中单击【新建样式】按钮，创建新样式后，单击【确定】按钮保存样式。

6.7.4 拷贝与粘贴图层样式

当需要对多个图层应用相同样式效果时，拷贝和粘贴样式是最便捷的方法。在图层面板中，选择包含要拷贝样式的图层，选择【图层】|【图层样式】|【拷贝图层样式】命令；然后在面板中选择目标图层，选择【图层】|【图层样式】|【粘贴图层样式】命令，则剪贴板中的图层样式将替换目标图层上的现有图层样式。也可按住Alt键，将图层效果从一个图层拖动到另一个图层以进行复制。

【例6-11】在图像文件中，拷贝并粘贴图层样式效果。视频+素材

① 选择【文件】|【打开】命令，打开一幅图像文件。

⑩2 选择【矩形选框】工具创建选区，按快捷键Ctrl+J复制选区内的图像，并创建新图层。按快捷键Ctrl+T自由变换图像，并按Enter键应用。

⑩3 双击【图层1】，打开【图层样式】对话框。在对话框中选中【描边】样式；单击【颜色】选项右侧的颜色块，在打开的【拾色器】对话框中将颜色设置为白色；设置【大小】数值为20像素；在【位置】下拉列表中选择【内部】选项。

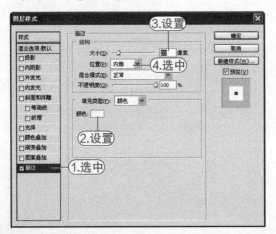

⑩4 在对话框中选中【投影】样式，设置【不透明度】数值为40%，【距离】数值为15像素，然后单击【确定】按钮应用样式。

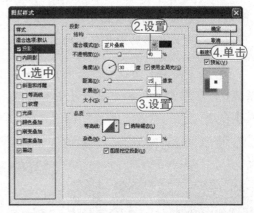

⑩5 在【图层】面板中，选中【背景】图层。使用【矩形选框】工具创建选区，按快捷键Ctrl+J复制选区内的图像，并创建新图层。按快捷键Ctrl+T自由变换图像，并按Enter键应用。

⑩6 在【图层】面板中，选中并右击【图层1】，在弹出式菜单中选择【拷贝图层样式】命令。

除了可以使用命令拷贝和粘贴图层样式外，在【图层】面板中，按住 Alt 键再将图层效果直接拖动到目标图层中释放，也可以达到拷贝与粘贴图层样式的目的。

⑦ 在【图层】面板中，选中并右击【图层 2】，在弹出式菜单中选择【粘贴图层样式】命令。

6.7.5 隐藏与删除图层样式

如果图层具有样式，【图层】面板中的图层名称右侧将显示 *fx* 图标。选择【图层】|【图层样式】|【隐藏所有效果】、【显示所有效果】、单击【效果】前的 ● 图标可隐藏所有图层样式效果。若只要隐藏某一图层样式，单击图层样式名称前的 ● 图标既可。

如果要删除不需要的图层样式，可在应用了该样式的图层上单击右键，在弹出的菜当中选择【清除图层样式】命令；或在图层样式名称上按下鼠标，将其拖动至【删除图层】按钮上释放。

Chapter

07

文字的编辑操作

文字在图像画面中起着非常重要的说明作用。Photoshop CS 4 应用程序提供了完善的文字处理功能，使用文字工具创建丰富的文字效果。本章主要介绍使用文字工具添加文字，设置字符与段落属性，输入路径文字等内容。

- 文字的输入设置
- 路径文字
- 变形文字
- 栅格化文字
- 文字转换为形状
- 创建工作路径

 参见随书光盘

7.1 文字的输入设置

Photoshop CS4中提供了【横排文字】、【直排文字】、【横排文字蒙版】和【直排文字蒙版】4种文字工具用于在图像中创建各种各样的文字，并且可以通过选项栏、【字符】面板和【段落】面板对输入的文字进行修改。

7.1.1 输入文字

按住【工具】面板中的【横排文字】工具，将显示文字工具组中的所有工具。分别为【横排文字】工具、【直排文字】工具、【横排文字蒙版】工具和【直排文字蒙版】工具。

其中，【横排文字】和【直排文字】工具分别用于输入横排和直排文字，【横排文字蒙版】工具和【直排文字蒙版】工具分别用于创建横排文字和直排文字选区。选择任意文字工具，都将显示文字工具选项栏。

- 【设置字体】：在该下拉列表中可以选择字体。
- 【设置字体样式】：用来为字符设置样式，包括Regular（常规）、Italic（斜体）、Bold（粗体）、Bold Italic（粗斜体）。
- 【设置字体大小】：可以从选项中选择或直接输入数值设置字体的大小。
- 【设置取消锯齿的方法】：可为文字选择消除锯齿的方法，Photoshop会通过部分填充边缘像素来产生边缘平滑的文字，有【无】、【锐化】、【犀利】、【浑厚】和【平滑】5个选项供用户选择。
- 【设置文本对齐】：在该选项区域中，可以设置文本对齐的方式，包括【左对齐文本】按钮、【居中对齐文本】按钮

和【右对齐文本】按钮。

- 【更改文本方向】按钮：单击该按钮可以更改当前文本的排列方向。如当前文本为横排文字，单击该按钮，会将其转换为直排文字。

- 【设置文本颜色】：单击该按钮，可以打开【拾色器】对话框以设置新创建的文字颜色。默认情况下，Photoshop使用前景色作为创建的文字颜色。

- 【创建文字变形】按钮：单击该按钮，打开【变形文字】对话框，在其中用户可以设置文字的变形样式。

- 【切换字符和段落面板】按钮：单击该按钮，可以打开或隐藏【字符】面板和【段落】面板。

【例7-1】在图像文件中，创建文字选区并调整效果。视频+素材

01 选择【文件】|【打开】命令，打开一幅图像文件。

02 选择【工具】面板中的【横排文字蒙版】工具，在选项栏中的【设置字体系列】下拉列表中选择Bauhaus 93字体，【设置字

体大小】数值为80点，然后在图像文件中输入文字。

⑩3 选择【工具】面板中的【矩形选框】工具，将光标移动到选区内，按住鼠标并拖动调整文字选区位置。

⑩4 选择打开另一幅图像文件，按快捷键Ctrl+A全选图像，并按快捷键Ctrl+C复制。

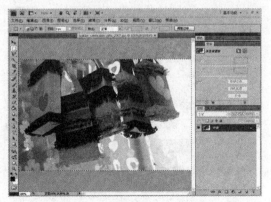

⑩5 返回前一幅图像文件，选择【编辑】|【贴入】命令将剪贴板中的图像贴入到选区中，选择【移动】工具调整图像位置。

⑩6 双击【图层1】打开【图层样式】对话框，选中【外发光】图层样式，设置【大小】数值为13像素。

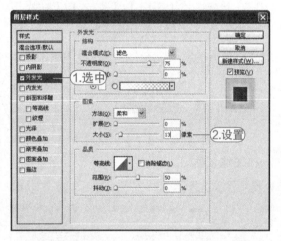

⑩7 单击【图层样式】对话框中的【确定】按钮应用。

7.1.2 转换点文本与段落文本

创建的文本有两类，一类是适合用于少

量文字的点文本，这种文本不能够自动换行；另一类是段落文本，这种文本适合用于大量文字内容的情况，具有自动换行的功能。

选择文字工具中的【横排文字】工具和【直排文字】工具，在图像文件中单击，输入文字，创建的文本为点文本。

选择文字工具，在图像文件窗口中按下鼠标拖动出一个文字定界框，释放鼠标，输入文字，创建的文本为段落文本。

在Photoshop CS4应用程序中，点文本和段落文本可以互相转换。选择【工具】面板中的【移动】工具，选中【图层】面板中的文本图层，然后选择【图层】|【文字】|【转换为点文本】命令或【转换为段落文本】命令，就可进行段落文本与点文本之间的转换操作。

【例7-2】在图像文件中，将输入的点文本转换为段落文本并调整。❺视频+🖼素材

⓵ 选择【文件】|【打开】命令，打开一幅图像文件。

⓶ 选择【工具】面板中的【横排文字】工具，在选项栏的【设置字体系列】下拉列表中选择【方正粗活意简体】，设置【字体大小】数值为12点，设置【字体颜色】为【纯红橙色】，然后在图像文件中输入文字。

⓷ 单击选项栏中的【提交当前所有编辑】按钮✓，选择【图层】|【文字】|【转换为段落文本】命令将点文本转换为段落文

本。使用【横排文字】工具在文字上单击，拖动手柄调整文本框大小。

⓸ 选中全部文字，单击【切换字符和段落面板】按钮📋打开【字符】面板，设置【行距】为24点。

⓹ 选中中文文本，在选项栏中设置字体大小为20点；选中英文文本，在选项栏中设置字体为9点。然后选择【移动】工具调整文本位置。

7.1.3 更改文本方向

横向排列方式是Photoshop中比较常用的文字排列格式。选择【横排文字】工具，并在文字工具的选项栏或【字符】面板中设置创建的文字参数选项，即可在图像文件窗口中输入横排文字。使用【工具】面板中的【直排文字】工具创建文字的方法与使用【横排文字】工具完全相同，两者只是在文字的排列方向上有所不同。

要更改文本的排列方向，用户可以先选中创建的文字，再单击选项栏中的【更改文本方向】按钮，或选择【图层】|【文字】|【水平】（【垂直】）命令。

【例7-3】在图像文件中，更改输入文本的排列方向。（视频+素材）

⑪ 选择【文件】|【打开】命令，打开一幅图像文件。

⑫ 选择【工具】面板中的【横排文字】工具，在选项栏的【设置字体系列】下拉列表中选择【方正粗活意简体】，设置【字体大小】数值为80点，设置【字体颜色】为【红色】，然后在图像文件中输入文字。

⑬ 选择【图层】|【文字】|【垂直】命令切换文本方向，并选择【移动】工具调整文本位置。

7.1.4 使用【字符】面板

【字符】面板用于设置文字的基本属性，如设置文字的字体、字号、字符间距及文字颜色等。

选择任意一个文字工具，单击选项栏中的【显示/隐藏字符和段落面板】按钮，或者选择【窗口】|【字符】命令都可以打开【字符】面板，设置文字属性。其面板选项简述如下：

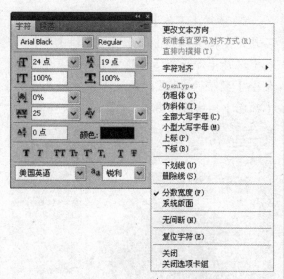

择Photoshop预设的参数数值，也可以在文本框中直接输入所需的参数数值。需要注意的是，该选项只在没有选择文字的情况下为可设置状态。

●【设置基线偏移】文本框 A_a^a：该文本框用于设置选中文字的向上或向下偏移数值。该选项参数设置后，不会影响整体文本对象的排列方向。

●【字符样式】选项区域：在该选项区域中，通过单击不同的文字样式按钮，可以设置文字为仿粗体 **T**、仿斜体 *T*、全部大写字母 **TT**、小型大写字母 **Tr**、上标 **T'**、下标 **T,**、下划线 **T**、删除线 **T** 等样式。

【例7-4】在图像文件中，输入文本，并使用【字符】面板设置文本格式。 ◎视频+◎素材

●【设置字体系列】下拉列表：该选项用于设置文字的字体样式。

●【设置字体大小】下拉列表 **T**：该选项用于设置文字的字符大小。

●【设置行距】下拉列表 **Ａ̂**：该选项用于设置文本对象中两行文字之间的间隔距离。设置【设置行距】选项时，可以通过其下拉列表框选择预设的数值，也可以在文本框中自定义数值，还可以选择下拉列表框中的【自动】选项，由系统根据创建文本对象的字体大小自动设置适当的行距数值。

●【垂直缩放】文本框 **IT** 和【水平缩放】文本框 **T**：这两个文本框用于设置文字的垂直和水平缩放比例。

●【设置所选字符的字距调整】选项 **AV**：该选项用于设置两个字符的间距。用户可以在其下拉列表框中选择Photoshop预设的参数数值，也可以在文本框中直接输入所需的参数数值。

●【设置两个字符之间的字距微调】选项 **ＡＶ**：该选项用于微调光标位置前文字的间距。与【设置所选字符的字距调整】选项不同的是，该选项只能设置光标位置前的文字字距。用户可以在其下拉列表框中选

01 在 Photoshop CS 4 应用程序中，选择【文件】|【打开】命令，打开一幅图像文件。

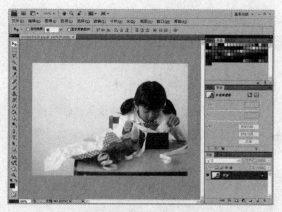

02 选择【工具】面板中的【横排文字】工具，在选项栏中设置【字体】为【方正粗活意简体】，【字体大小】为9点。然后使用【横排文字】工具在图像文件中单击，并输入文字内容。

03 选中文字内容，单击【色板】面板中的【浅红】色板，单击选项栏中的【切换字符和段落】面板，打开【字符】面板。

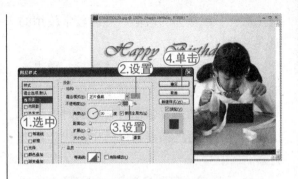

04 在【字符】面板中的【设置字体系列】下拉列表中选择Vivaldi字体，【设置字体大小】数值为12点，【设置所选字符的字距调整】数值为25，单击【仿粗体】和【仿斜体】按钮。

05 在【图层】面板中双击文字图层，打开【图层样式】对话框。在对话框中选中【投影】图层样式，单击【投影】的颜色色块，在打开的【拾色器】对话框中设置颜色为RGB＝246、179、127，然后单击【确定】按钮关闭【拾色器】对话框。在【图层样式】对话框中设置不透明度为100%，单击【确定】按钮应用图层样式。

7.1.5 使用【段落】面板

【段落】面板用于设置段落文本的编排方式，如设置段落文本的对齐方式、缩进值等。单击选项栏中的【显示/隐藏字符和段落面板】按钮，或者选择【窗口】|【段落】命令都可以打开【段落】面板，通过设置其中的选项即可设置段落文本属性。

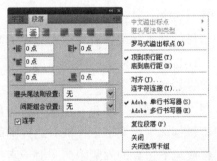

【左对齐文本】按钮：单击该按钮，创建的文字会以整个文本对象的左边为界，强制进行文本左对齐。左对齐文本为段落文本的默认对齐方式。

【居中对齐文本】按钮：单击该按钮，创建的文字会以整个文本对象的中心线为界，强制进行文本居中对齐。

【右对齐文本】按钮：单击该按钮，创建的文字会以整个文本对象的右边为界，强制进行文本右对齐。

【最后一行左对齐】按钮：单击该按钮，段落文本中的文本对象会以整个文本对象的左右两边为界强制对齐，同时处于段落文本最后一行的文本将以其左边为界进行强制左对齐。该按钮为段落对齐时较常使用的对齐方式。

【最后一行居中对齐】按钮：单击该按钮，段落文本中的文本对象会以整个文本对象的左右两边为界强制对齐，同时处于段落文本最后一行的文本将以其中心线为界进行强制居中对齐。

【最后一行右对齐】按钮：单击该按钮，段落文本中的文本对象会以整个文本对象的左右两边为界强制对齐，同时处于段落文本最后一行的文本将以其左边为界进行强制右对齐。

【全部对齐】按钮：单击该按钮，段落文本中的所有文本对象会以整个文本对象的左右两边为界强制对齐。

【左缩进】文本框：用于设置段落文本中，每行文本与文字定界框左边界的间隔距离，或与上边界向下的间隔距离（对于直排格式的文字）。

【右缩进】文本框：用于设置段落文本中，每行文本与文字定界框右边界的间隔距离，或与下边界的间隔距离（对于直排格式的文字）。

【首行缩进】文本框：用于设置段落文本中，第一行文本与文字定界框左边界，或与上边界的间隔距离（对于直排格式的文字）。

【段前添加空格】文本框：用于设置当前段落与其前一个段落的间隔距离。

【段后添加空格】文本框：用于设置当前段落与其一个段落的间隔距离。

避头尾法则设置：不能出现在一行开头或结尾的字符称为避头尾字符。避头尾法则用于指定亚洲文本的换行方式。Photoshop 提供了基于日本行业标准（JIS）X 4051-1995 的宽松的和严格的避头尾集。宽松的避头尾设置忽略长元音字符和小平假名字符。

间距组合设置：为日语字符、罗马字符、标点、特殊字符、行开头、行结尾和数字的间距指定日语文本编排。Photoshop 包括了基于日本行业标准（JIS）X 4051-1995 的若干预定义间距组合集。

【连字】复选框：启用该复选框，会在输入英文词过程中，根据文字定界框在自动换行时添加连字符。

【例7-5】在图像文件中，创建段落文本，并使用【段落】面板调整文本段落。

01 在 Photoshop CS 4 应用程序中，选择【文件】|【打开】命令，选择打开一幅图像文件。选择【工具】面板中的【横排文字】工具，在图像文件中按住鼠标左键拖动创建文本框。

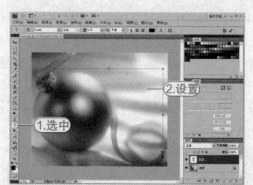

02 在选项栏中，设置【字体】为【黑体】，字体大小为18点，【设置消除锯齿的方法】为【平滑】，然后在文本框中输入文字内容。

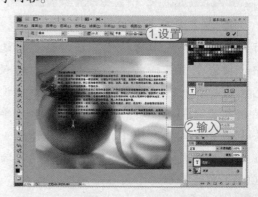

⑬将光标移动至文字定界框上，当光标显示为双向箭头时，拖动文字定界框调整其大小，并选择【窗口】|【段落】命令打开【段落】面板。

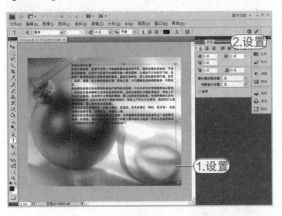

⑭将文本内容全部选中，设置【首行缩进】数值为40点，【段后添加空格】数值为30点。

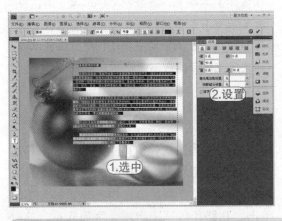

⑮选中第二段，设置【右缩进】数值为250点，然后使用相同方法设置第四段。

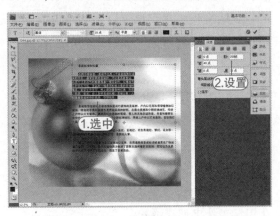

⑯选中第三段，设置【左缩进】数值为250点，然后使用相同方法设置第五段。设置完成后，单击工具选项栏中的【提交当前所有编辑】按钮。

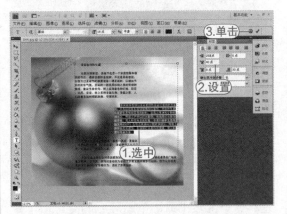

7.2 路径文字

在Photoshop CS4中可以添加两种路径文字，一种是沿路径排列的文字，一种是路径内部排列的文字。

7.2.1 沿路径排列文字

首先在图像中创建路径，然后选择文字工具，放置光标在路径上，当其显示为时单击，在路径上出现文字插入点，这时就可以沿路径创建文字。

在路径上输入水平文字时，字母与基线垂直；在路径上输入垂直文字时，文本的方位与基线平行。用户也可以移动路径或改变路径的形状，此时文字会遵循新的路径方向或形状排列。

【例7-6】在图像文件中，绘制路径并沿路径排列文本。 ◆视频+ ◆素材

⓪① 在Photoshop中，选择打开一幅图像文件。选择【工具】面板中的【钢笔】工具，并在选项栏中单击【路径】按钮，然后在图像文件中创建路径。

⓪② 单击【工具】面板中的【切换前景色和背景色】按钮，选择【横排文字】工具，打开【字符】面板。在【设置字符系列】下拉列表中选择【A Cut Above The Rest】字体，设置【字体大小】数值为48点，【设置所选字符的字距调整】数值为100，然后在路径中单击并输入文字。

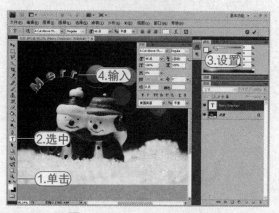

⓪③ 选择【路径选择】工具，将光标移至路径上，当其显示为 ◆ 图标时，按住鼠标左键拖动，使文字全部显示在路径上。

╾◉ 专家指点 ◉╾

要想调整文字在路径上的位置，可以在【工具】调板中选择【直接选择】工具 ▸ 或【路径选择】工具 ▸ ，再移动光标至文字上，当其显示为 ┇ 或 ┽ 时按下鼠标，沿着路径方向拖移即可。在拖移文字的过程中，还可以拖动文字至路径的内侧或外侧。

7.2.2 路径内排列文字

首先在图像文件窗口中创建闭合路径，然后选择【工具】面板中的【文字】工具，移动光标至闭合路径中，当光标显示为 ① 时单击，在路径区域中出现文字插入点，这时就可以在路径闭合区域中创建文字内容。

【例7-7】在图像文件中，绘制路径并在路径内排列文本。 ◆视频+ ◆素材

⓪① 在Photoshop中，选择打开一幅图像文件。选择【工具】面板中的【钢笔】工具，并在选项栏中单击【路径】按钮，然后在图像文件中创建路径。

⓪② 单击【工具】面板中的【切换前景色和背景色】按钮，选择【横排文字】工具，在选项栏的【设置字符系列】下拉列表中

选择【黑体】，设置【字体大小】数值为10点，然后在路径内单击并输入文字。

⑬ 选中第一段文字，在工具栏中设置

【字体大小】数值为24点，单击【居中对齐文本】按钮，然后单击【提交当前所有编辑】按钮应用设置。

专家指点

不管是沿路径创建文字，还是在闭合路径中创建文字，用户都可以使用路径编辑工具对路径形状进行调整。在调整路径时，路径上的文字或闭合路径内文字会随路径形状的改变而改变。例如，可以使用【直接选择】工具单击路径，显示锚点，然后拖动锚点调整路径形状。

7.3 变形文字

对输入的文字，可以添加变形效果。单击选项栏中的 **工** 按钮将打开【变形文字】对话框，在【样式】下拉列表框中选择一种变形样式，即可设置文字的变形效果。

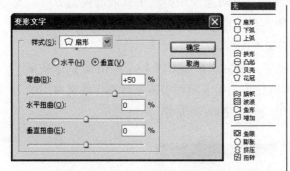

● 【样式】下拉列表：在其中可以选择一个变形样式。

● 【水平】和【垂直】单选按钮：选择【水平】单选按钮，可以将变形效果设置为

水平方向；选择【垂直】单选按钮，可以将变形效果设置为垂直方向。

● 【弯曲】：可以调整对图层应用的变形程度。

● 【水平扭曲】和【垂直扭曲】：拖动【水平扭曲】和【垂直扭曲】的滑块，或直接输入数值，可以变形应用透视。

【例7-8】 在图像文件中，创建文本并变形文本样式。◆视频＋◆素材

① 选择打开一幅素材图像文件。选择【工具】面板中的【横排文字】工具，按住

鼠标左键并拖动创建文本框。

02 在选项栏的【设置字体系列】下拉列表中选择【黑体】,【设置字体大小】为14点。打开【段落】面板,单击【最后一行左对齐】按钮,输入文本。

03 在选项栏中单击【创建文字变形】按钮,打开【变形文字】对话框。在【样式】下拉列表中选择【旗帜】,单击【水平】单选按钮,设置【弯曲】数值为10,然后单击【确定】按钮。

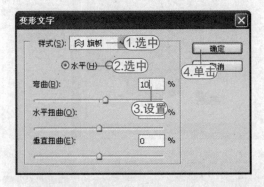

04 选择【移动】工具调整文本内容位置。

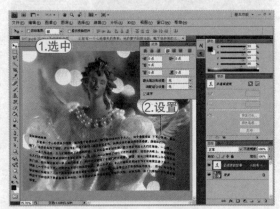

7.4 栅格化文字

在Photoshop中,用户不能对文本图层中创建的文字对象使用描绘工具或滤镜命令等。要想使用这些命令和工具,必须在应用命令或使用工具之前栅格化文字。栅格化表示将文字图层转换为普通图层,并使其内容成为不可编辑的文本图像。

在【图层】面板中选择需进行操作的文本图层,然后选择【图层】|【栅格化】|【文字】命令,即可转换文本图层为普通图层。用户也可以在【图层】面板中需进行操作的文本图层上右击,在弹出的快捷菜单中选择【栅格化文字】命令,转换图层类型。

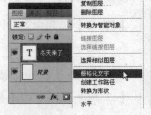

7.5 文字转换为形状

在 Photoshop CS4 中，提供了转换文字为形状的功能。使用该功能后，文字图层由基于矢量蒙版的图层替换。用户可用路径选择工具对文字路径进行调节，创建自己喜欢的字型。但这时，该图层失去了文字图层的一般属性，即无法在图层中编辑、更改文字属性。在【图层】面板中需进行操作的文本图层上右击，在弹出的快捷菜单中选择【转换为形状】命令即可将文字转换为形状。

【例7-9】在图像文件中，将文字转换为形状并调整。❖视频+❒素材

01 选择【文件】|【打开】命令，打开一幅素材图像文件。

02 选择【工具】面板中的【横排文字】工具，在选项栏的【设置字体系列】下拉列表中选择【方正综艺简体】，【设置字体大小】为72点，设置【颜色】为 RGB＝255、139、61，然后在图像中输入文字。

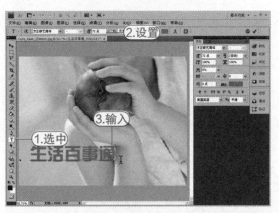

03 单击选项栏中的【提交当前所有编辑】按钮☑，在【图层】面板中的文字图层上右击，在弹出的菜单中选择【转换为形状】命令。

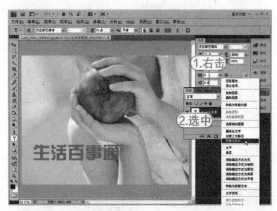

04 在【工具】面板中选择【直接选择】工具，然后在图像中单击，调整锚点位置。

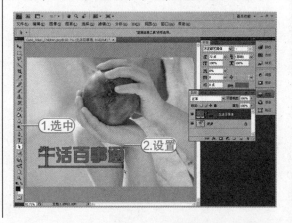

7.6 创建工作路径

工作路径是出现在【路径】面板中的临时路径，用于定义形状的轮廓。创建新的工作路径的方法是：选择【形状】工具或【钢笔】工具，然后单击选项栏中的【路径】按钮，设置选项，然后即可在图像文件中单击绘制路径。

【例7-10】在图像文件中，将文字转换为工作路径并调整路径效果。❖视频+❒素材

01 打开一幅素材图像文件。单击【切换前景色和背景色】按钮。选择【工具】面板中的【横排文字】工具，在【字符】面板的【设置字体系列】下拉列表中选择【Impact】字体，【设置字体大小】为72点，然后在图像

文件中输入文字，单击选项栏中的【提交当前所有编辑】按钮☑。

⑫ 右击文字图层，在弹出的菜单中选择【创建工作路径】命令，然后选择【图层】|【栅格化】|【文字】命令。

⑬ 选择【画笔】工具，在选项栏中设置画笔样式为【尖角5像素】，在【色板】面板中单击【RGB黄】，然后在【路径】面板中单击【用画笔描边路径】按钮。

Chapter

08

矢量工具与路径

路径常用于定义和编辑图像的区域。使用路径可以精确定义一个区域，并且可以将其保存以便重复使用。本章主要介绍路径的基本元素、路径的创建、路径的编辑以及对路径进行填充、描边等方面的知识。

■ 认识路径
■ 创建路径
■ 编辑路径
■ 使用【路径】面板

 参见随书光盘

8.1 认识路径

路径是由多个节点的矢量线条构成的图像，更确切的说，路径是由贝塞尔曲线构成的图形。与其他矢量图形软件相比，Photoshop 中的路径是不可打印的矢量形状，主要用于勾画图像区域的轮廓，用户可以对路径进行填充和描边，还可以将其转换为选区。

路径是由线条及其包围的区域组成的图形，它可以是一个锚点、一条直线或曲线。与选区的不同的是，路径可以很容易地改变形状与位置。组成路径的核心是贝塞尔曲线，贝塞尔曲线是由锚点、方向线与方向点组成的曲线。

贝塞尔曲线的两个端点称为锚点，两个锚点间的曲线部分称为【线段】。选择任意锚点并拖动即出现【方向线】与【方向点】，它们用于控制线段的弧度与方向。

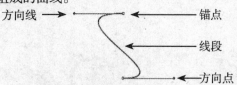

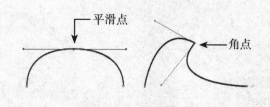

8.2 创建路径

在 Photoshop CS 4 中，通过使用【钢笔】工具、【自由钢笔】工具和形状工具，用户能够创建出多种路径图形。

8.2.1 【钢笔】工具

【钢笔】工具是最基本的路径绘制工具，可以用它绘制出直线或曲线路径，还可以通过其选项栏调整路径绘制的参数选项。

⬥ ▣◨▣▣：该按钮组用于设置所绘制的图形样式类型，从左至右分别为【形状图层】按钮、【路径】按钮和【填充像素】按钮。

⬥ ◈◈▢▢▢◯◯◣◈：该按钮组从左至右分别为【钢笔】按钮、【自由钢笔】按钮、【矩形】按钮、【圆角矩形】按钮、【椭圆】按钮、【多边形】按钮、【直线】按钮和【自定形状】按钮。单击其中任意一个按钮即可切换当前工具的类别。

⬥ 【自动添加/删除】复选框：启用该复选框，在使用【钢笔】工具进行路径操作时，将会随着光标放置的位置不同而自动显示增加或删除锚点光标图示，以方便用户进行操作。默认状态为启用。

⬥ ◨◨◨◨◨：单击该组中的任意按钮，可以设置所绘制的路径图形之间的运算方式，从左至右分别为【添加到路径区域】按钮、【从路径区域减去】按钮、【交叉路径区域】按钮和【重叠路径区域除外】按钮。

另外，在【钢笔】工具的选项栏中单击【自定形状】按钮右侧的下拉箭头·，会打开【钢笔选项】对话框。在该对话框中，如果启用【橡皮带】复选框，将直接在创建路径的过程中自动产生连接线段，而不必等到单击创建锚点后，才在两个锚点间创建线段。

【例8-1】 在图像文件中，使用【钢笔】工具绘制图形。✏️视频

⓵ 选择【工具】面板中的【钢笔】工具，在图像上单击鼠标，绘制出开始锚点。在线段需要结束的位置再次单击鼠标，确定结束锚点。两点间用直线连接，两个锚点都表示为小方块，前一个是空心的，后一个是实心。实心的小方块表示当前正在编辑的锚点。

⓶ 继续在画布上单击，确定其他锚点位置。

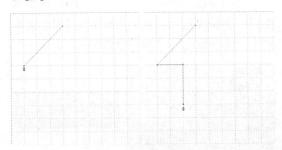

⓷ 单击创建的锚点，按住鼠标左键拖动出方向线，以调整路径段的弧度。

⓸ 如果要创建一个开放的路径，再次单击【钢笔】工具即可。如果要创建一个闭合的路径，当回到初始锚点时，光标右下角出现一个小圆圈，这时单击即可。

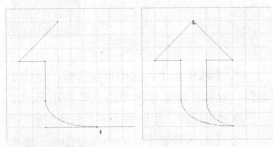

【专家指点】

在绘制过程中，要移动锚点，可以按住Ctrl键切换为【直接选择】工具，要调整锚点，可以按住Alt键切换为【转换点】工具。

8.2.2 【自由钢笔】工具

选择【自由钢笔】工具🖊️后，在选项栏中选中【磁性的】复选框，可以将【自由钢笔】工具转换为【磁性钢笔】工具。【磁性钢笔】工具与【磁性套索】工具相似，沿对象边缘拖动即可创建路径。

单击选项栏中的▾按钮，可以打开下拉面板。

🔲 在【曲线拟合】文本框中，用户可以输入0.5~10.0像素之间的数值。此参数用于控制路径绘制过程中自动创建的锚点范围。数值越大，所绘制的路径中自动创建的锚点数量越少，生成的路径形状越简单。

🔲 在【宽度】文本框中，用户可以输入1~256之间的像素数值。该文本框在启用【磁性的】复选框后才能使用，用于控制自动检测与对象边缘的宽度距离。

🔲 在【对比】文本框中，用户可以输入1~100之间的百分比数值。该文本框在启用【磁性的】复选框后才能使用，用于控制自动检测与对象边缘像素的对比度，其性质类似于【魔棒】工具的容差值。

🔲 在【频率】文本框中，用户可以设置创建的路径中锚点的密度。数值越高，路径中锚点的密度就越大。该文本框在启用【磁性的】复选框后才可以使用。

🔲 【钢笔压力】复选框针对使用数位板的用户，如果启用该复选框，系统将会根据

用户使用光笔时，在数位板上的压力大小来确定绘制路径的参数属性。

【例8-2】在图像文件中，使用【自由钢笔】工具创建路径。◆视频＋◆素材

01 选择【文件】|【打开】命令，打开一幅图像文件。选择【自由钢笔】工具，在选项栏中选中【磁性的】复选框，单击【自定义形状】工具右侧的◦按钮，在弹出的下拉面板中设置【频率】数值为60。

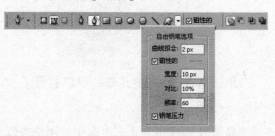

02 使用【自由钢笔】工具，单击鼠标左键并拖动，沿对象边缘创建路径。

8.2.3 形状工具

在 Photoshop CS 4 中，用户可以通过形状工具创建路径图形。形状工具一般分为两类：一类是基本几何图形形状工具；一类是自定形状形状工具。

1. 使用【矩形】工具

使用【工具】面板中的【矩形】工具▭，可以很方便地绘制矩形形状的图形对象。单击该工具选项栏中【自定形状】按钮右侧的

下拉箭头按钮，可以打开【矩形选项】对话框。

● 【不受约束】单选按钮：选择该单选按钮，可以根据任意尺寸比例创建矩形图形。

● 【方形】单选按钮：选择该单选按钮，会创建正方形图形。

● 【固定大小】单选按钮：选择该单选按钮，会按该选项右侧的【W】与【H】文本框中设置的宽高尺寸创建矩形图形。

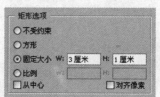

● 【比例】单选按钮：选择该单选按钮，会按该选项右侧的【W】与【H】文本框中设置的长宽比例创建矩形图形。

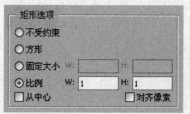

● 【从中心】：选中该复选框，创建矩形时，鼠标在画面中的单击点即为矩形的中心，拖动鼠标时，矩形将由中心向外扩展。

● 【对齐像素】：选中该复选框，矩形的边缘与像素的边缘重合，图形的边缘不会出现锯齿。取消该复选框，矩形的边缘会出现模糊的像素。

2. 使用【圆角矩形】工具

使用【工具】面板中的【圆角矩形】工具 ，可以快捷的绘制带有圆角的矩形图形。

此工具的选项栏与【矩形】选项栏大致相同，只是多了一个用于设置圆角参数属性的【半径】文本框。用户可以在该文本框中输入所需的圆角半径大小。

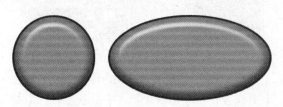

3. 使用【椭圆】工具

形状工具组中的【椭圆】工具 用于创建椭圆形状的图形对象。

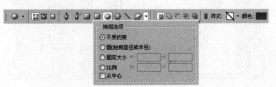

它的选项栏及创建图形的操作方法与【矩形】工具基本相同，只是在其选项栏的【椭圆选项】对话框中少了【方形】单选按钮和【对齐像素】复选框，而多了【圆（绘制直径或半径）】单选按钮。选择该单选按钮，可以以直径或半径方式创建圆形图形。

4. 使用【多边形】工具

使用【工具】面板中的【多边形】工具 ，可以很方便地创建多边形与星形图形。

它的选项栏及创建图形的操作方法与【矩形】工具基本相同。

◆【边】数值框：用于设置多边形的边数或星形的顶点数。

◆【半径】文本框：用于设置多边形外接圆的半径。设置该参数数值后，会按所设置的固定尺寸在图像文件窗口中创建多边形图形。

◆【平滑拐角】复选框：用于设置对多边形的夹角进行平滑处理，即使用圆角代替尖角。

◆【星形】复选框：启用该复选框，会对多边形的边根据【缩进边依据】文本框中的数值进行缩进，使其转变成星形。

◆【缩进边依据】文本框：该文本框在启用【星形】复选框后变为可用状态。它用于设置缩进边的百分比。

◆【平滑缩进】复选框：该复选框在启用【星形】复选框后变为可用状态。它用于决定是否在绘制星形时对其内夹角进行平滑处理。

【例8-3】在图像文件中，使用形状工具绘制图形。◆视频

01 选择【文件】|【新建】命令，打开【新建】对话框。在对话框中，设置【宽度】和【高度】数值为100毫米，【分辨率】数值为150像素/英寸，然后单击【确

定】按钮创建新文档。

02 按快捷键Ctrl+R显示标尺，创建参考线，然后选择【视图】|【锁定参考线】命令。

03 在【色板】面板中，单击【浅绿】色板。选择【工具】面板中的【多边形】工具，在选项栏中设置【边】数值为60，单击【自定形状】工具右侧的▼按钮。在弹出的下拉面板中，选中【星形】复选框，设置【缩进边依据】数值为8%。然后使用【多边形】工具，按住Shift键再在参考线交叉点上单击，拖动绘制图形。

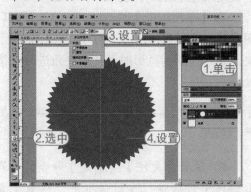

04 选择【椭圆】工具，在选项栏中单击▼下拉面板按钮。在下拉面板中选中【比

例】单选按钮和【从中心】复选框。然后在图像中依据参考线绘制圆形。

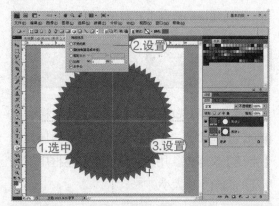

05 单击选项栏的【颜色】色板，在打开的【拾色器】对话框中将颜色设置为白色，然后单击【确定】按钮关闭对话框，以修改【形状2】图层的颜色。

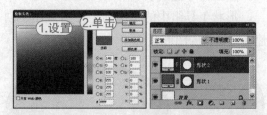

06 使用步骤4~5的操作方法，创建【形状3】、【形状4】、【形状5】、【形状6】图层。

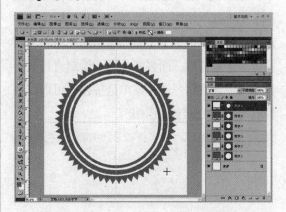

07 选中【形状1】、【形状2】、【形状3】、【形状4】、【形状5】、【形状6】图层，按快捷键Ctrl+T应用【自由变换】命令缩小图形，再按快捷键Shift+Alt，然后按Enter键应用。

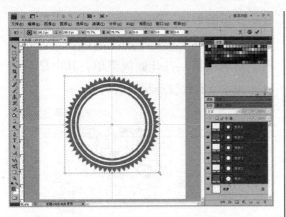

⑧选中【背景】图层，选择【钢笔】工具绘制图形，创建【形状7】图层。

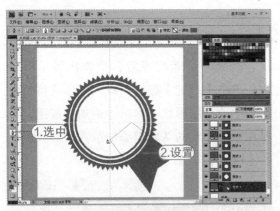

⑨将【形状7】图层拖动到【创建新图层】按钮上释放复制。将【形状7副本】图层中的图形颜色更改为白色，并按快捷键Ctrl+T应用【自由变换】命令缩小图形。

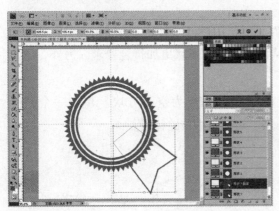

⑩使用步骤（9）的操作方法，复制【形状7副本】图层，并缩小图形。

5. 使用【直线】工具

使用【工具】面板中的【直线】工具，可以绘制直线和带箭头的直线。

【直线】工具选项栏中的【粗细】文本框用于设置创建的直线的宽度。

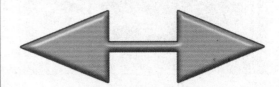

6. 使用【自定形状】工具

选择【自定形状】工具可以使用预设形状库中的形状进行绘制。【自定形状】工具的图形创建方法及参数选项设置方法与【矩形】工具基本相同。单击【形状】下拉面板按钮，可以打开其下拉面板，选取预设形状。

【例8-4】在图像文件中，使用【自定形状】工具绘制图形。视频

①选择【文件】|【打开】命令，打开一幅图像文件。单击【工具】面板中的【切换前景色和背景色】按钮，选择【自定形状】工具，在选项栏的【形状】下拉面板中选择【边框7】，然后单击鼠标左键，并在图像中拖动，以绘制图形。

含了少量的形状，Photoshop 提供的其他形状需要载入才能使用。单击【形状】下拉面板右上角的按钮，打开面板菜单，其中显示了 Photoshop 所有预设形状库的名称。

02 单击选项栏中的【添加到形状区域】按钮，在【形状】下拉面板中选择【花形装饰3】，然后单击鼠标左键，并在图像中拖动绘制图形。

选择一个形状库后，会弹出提示对话框，单击【确定】按钮，载入的形状将替换面板中原有的形状；单击【追加】按钮，可以在原有形状的基础上添加载入的形状；单击【取消】按钮，可以取消操作。

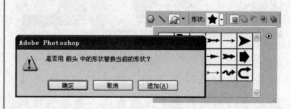

7. 载入形状库

默认情况下，【形状】下拉面板中只包

8.3 编辑路径

使用 Photoshop CS4 中的各种路径工具创建路径后，用户可以对其进行编辑调整，如增加和删除锚点、对路径锚点的位置进行移动等，从而使路径的形状更加符合要求。另外，用户还可以对路径进行描边和填充等效果编辑。

8.3.1 选择、移动锚点和路径

使用【工具】面板中的【直接选择】工具和【路径选择】工具可以选择、移动锚点和路径。

1. 选择锚点和路径

使用【直接选择】工具单击一个锚点即可选中该锚点，选中的锚点为实心方块，

未选中的锚点为空心方块。单击一个路径段，可以选中该路径段。

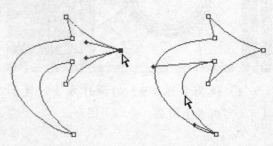

使用【路径选择】工具单击路径也可选中路径。如果选中选项栏中的【显示定界框】复选框，则选中路径会显示定界框，拖动控制点可以对路径进行变换操作。

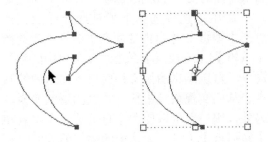

如果要添加选中的锚点、路径段或是路径，可以按住Shift键再逐一单击需要的对象；也可以单击鼠标左键并拖动出一个选框，框选需要选择的对象。按住Alt键再单击一个路径段，可以选择该路径段及其上的所有锚点。如果要取消选择，可在画面的空白处单击。

2. 移动锚点、路径

使用【直接选择】工具选择锚点后，拖动即可以移动锚点、改变路径形状。使用【直接选择】工具选择路径段后，拖动即可以移动路径段。使用【路径选择】工具选择路径后，拖动即可以移动路径。如果按下键盘上的任一方向键，可向箭头方向一次移动1个像素。如果在按下键盘上方向键的同时按住Shift键，则可以一次移动10个像素。

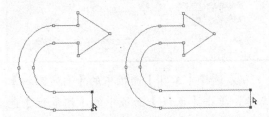

8.3.2 添加、删除锚点

通过使用【工具】面板中的【钢笔】工具、【添加锚点】工具和【删除锚点】工具，用户可以很方便的增加或删除路径中的锚点。

选择【添加锚点】工具，将光标放置在路径上，当光标变为时，单击即可添加一个角点；单击并拖动，则可以添加一个平滑点。使用【钢笔】工具，在选中路径后，将光标放置在路径上，当光标变为时，单击也可以添加锚点。

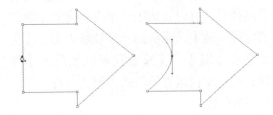

选择【删除锚点】工具，将光标放置在锚点上，当光标变为时，单击可删除该锚点。选择路径后，使用【钢笔】工具，将光标放置在锚点上，当光标变为时，单击也可删除锚点。

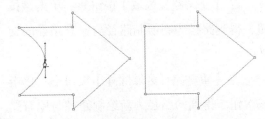

8.3.3 转换锚点类型

使用【直接选择】工具和【转换点】工具，可以转换路径中的锚点类型。

一般先使用【直接选择】工具选择需操作的锚点，再使用【转换点】工具，进行锚点类型的转换。

🔷 使用【转换点】工具单击路径上的任意锚点，可以转换该锚点的类型为角点。

🔷 使用【转换点】工具在路径的任意锚点上单击并拖动，可以转换该锚点的类型为平滑点。

🔷 使用【转换点】工具在路径任意锚点的方向点上单击并拖动，可以转换该锚点的类型为曲线角点。

◆ 按住 Alt 键，使用【转换点】工具⚓在路径上的平滑点和曲线角点上单击，可以转换该锚点的类型为复合角点。

8.3.4 路径的运算方式

在使用【钢笔】工具或形状工具创建多个路径时，可以在选项栏单击相应的【添加到路径区域】、【从路径区域减去】、【交叉路径区域】、【重叠路径区域除外】按钮，设置路径运算的方式，创建有特殊效果的图形形状。

◆ 【添加到路径区域】按钮⬜：单击该按钮，新绘制的路径会添加到原有路径中。

◆ 【从路径区域减去】按钮⬜：单击该按钮，将从原有路径中减去新绘制的路径。

◆ 【交叉路径区域】按钮⬜：单击该按钮，得到路径为新绘制路径与原有路径的交叉区域。

◆ 【重叠路径区域除外】按钮⬜：单击该按钮，得到的路径为新绘制路径与原有路径重叠区域以外的路径。

也可以使用【路径选择】工具选择多个子路径，然后通过选项栏中的运算按钮进行路径运算。单击【组合】按钮，则可以合并重叠的路径。

◆（专家指点）◆

使用【路径选择】工具选择多个路径，然后单击选项栏中的对齐与分布按钮，即可以对所选路径进行对齐、分布操作。操作方法与图像的对齐、分布方法相同。

8.3.5 路径的变换操作

在图像文件窗口选择需编辑的路径后，选择【编辑】|【自由变换路径】命令，或

者选择【编辑】|【变换路径】命令级联菜单中的相关命令，即会在图像文件窗口中显示定界框，拖动控制点可对路径进行缩放、旋转、斜切、扭曲等变换操作。路径的变换方法与图像的变换方法相同。

使用【直接选择】工具选择锚点，再选择【编辑】|【自由变换点】命令或者选择【编辑】|【变换点】命令级联菜单中的相关命令，可以编辑图像文件窗口中显示的控制点，从而实现路径中部分线段的形状变换。另外，用户也可以使用【直接选择】工具和【转换点】工具，对选中的锚点的方向线和方向点进行调整，从而改变其所控制的线段的形状。

【例8-5】在图像文件中，绘制图形，并使用变换命令制作花边。◆视频

⚊1 选择【文件】|【新建】命令，打开【新建】对话框。在对话框中，设置【宽度】数值为100毫米，【高度】数值为50毫米，【分辨率】数值为105像素/英寸，然后单击【确定】按钮新建文档。

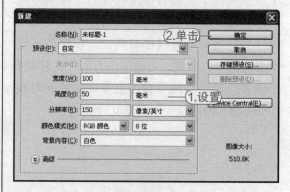

⚊2 选择【工具】面板中的【自定形状】工具，单击【色板】面板中的【蜡笔红】色板，在【形状】下拉面板中选择【花形装饰3】，然后在图像中拖动绘制图形。

⚊3 按快捷键 Ctrl+J 复制【形状 1】图层，选择菜单栏中的【编辑】|【变换路径】|【旋转】命令。在选项栏中，设置旋转中心为右侧中间位置，【旋转】为180度，然后单击 Enter 键应用旋转。

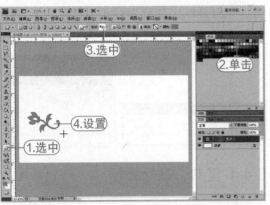

④ 重复使用步骤3的操作方法，变换图形。

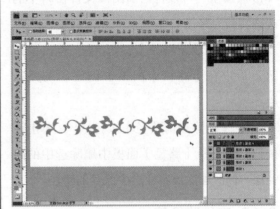

8.4 使用【路径】面板

选择【窗口】|【路径】命令，将在Photoshop工作界面中显示【路径】面板。通过该面板和它的面板控制菜单，用户可以对图像文件窗口中的路径进行填充、描边、选取、保存等操作，并且可以在选区和路径之间进行相互转换操作。

8.4.1 【路径】面板简述

通过【路径】面板底部的6个按钮，用户可以更方便地编辑路径。这些按钮与【路径】面板控制菜单中的相关命令作用相同。

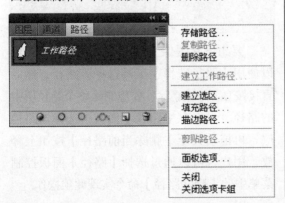

● 【用前景色填充路径】按钮 ：单击该按钮，可以使用前景色对路径内部区域进行着色处理。选择【路径】面板扩展菜单中的【填充路径】命令，同样可以实现这种操作。

● 【用画笔描边路径】按钮 ：单击该按钮，可以沿着路径的边缘按画笔设置的样式进行描绘。这与选择面板控制菜单中的【描边路径】命令具有相同的作用。

● 【将路径作为选区载入】按钮 ：单击该按钮，可以将当前图像文件窗口中的路径转换为选区。

◆【从选区生成工作路径】按钮 ：单击该按钮，可以将当前图像文件窗口中的选区转换为路径。

◆【创建新路径】按钮 ：单击该按钮，可以在【路径】面板中创建新的路径层。

◆【删除当前路径】按钮 ：单击该按钮，可以从【路径】面板中删除选中的路径层，同时删除该路径层中保存的路径。

8.4.2 工作路径简述

使用【钢笔】工具或是形状工具绘制图形时，如果没有单击【创建新路径】按钮而直接绘制，那么创建的路径就是工作路径。工作路径是出现在【路径】面板中的临时路径，用于定义形状的轮廓。

8.4.3 新建路径

在【路径】面板中，可以在不影响【工作路径】层的情况下创建新的路径图层。在【路径】面板底部单击【创建新路径】按钮，在【工作路径】层的上方创建一个新的路径层，然后就可以在该路径中绘制。需要说明的是，在新建路径层中绘制的路径立刻保存在该路径层中，而不是像【工作路径】层中的路径那样是暂存的。

如果要在新建路径时就设置路径名称，可以按住 Alt 键再单击【创建新路径】按

钮，在打开的【新建路径】对话框中输入路径名称。

8.4.4 复制、删除路径

要想拷贝路径，可以先通过【工具】面板中的【路径选择】工具选择所需操作的路径，然后使用菜单栏中的【编辑】|【拷贝】命令进行拷贝，再通过【粘贴】命令进行粘贴，最后使用【路径选择】工具移动粘贴的路径即可。

要想拷贝整个路径层中的路径，可以在【路径】面板中选择需操作的路径，然后直接拖动其至【创建新路径】按钮上释放。

要想删除图像文件中不需要的路径，可以使用【路径选择】工具选择该路径，然后直接按 Delete 键删除。要想删除整个路径层中的路径，可以在【路径】面板中选择该路径层，再拖动其至【删除当前路径】按钮上释放。用户也可以通过选择【路径】面板控制菜单中的【删除路径】命令实现此项操作。

8.4.5 存储路径

由于【工作路径】层是临时保存绘制的路径，因此，在绘制新路径时，原有的工作路径将被替代。

如果只要存储工作路径而不重命名，可以将【工作路径】拖动至面板底部的【创建新路径】按钮上释放；如果要存储并重命名，可以双击【工作路径】的名称，或单击面板右上角的扩展菜单按钮，在打开的面板控制菜单中选择【存储路径】命令，打开【存储路径】对话框。在该对话框中设置所需的路径名称后，单击【确定】按钮即可。

8.4.6 路径与选区的转换

在Photoshop中，除了可以使用【钢笔】工具和形状工具创建路径外，还可以通过图像文件窗口中的选区来创建路径。在创建选区后单击【路径】面板底部的【从选区生成工作路径】按钮，即可将选区转换为路径。

在Photoshop中，不但能够将选区转换为路径，还能够将所选路径转换为选区，即选择【路径】面板中的【将路径作为选区载入】按钮。如果所操作的路径是开放路径，那么在将其转换为选区的过程中，会自动将该路径的起始点和终止点接在一起，形成封闭的选区范围。

【例8-6】在图像文件中，将路径与选区进行互相转换。◈视频＋◈素材

01 选择【文件】|【打开】命令，打开一幅图像文件。选择【魔棒】工具，设置选项栏的【容差】数值为10，在【背景】图层上单击选择背景，按快捷键Shift+Ctrl+I反选图像。

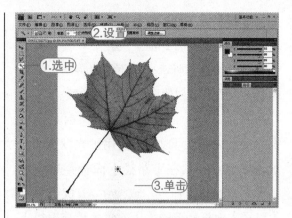

02 单击【路径】面板中的【从选区生成工作路径】按钮，将选区转换为路径。

03 单击【路径】面板中【将路径作为选区载入】按钮，将路径转换为选区。在没有选择路径的情况下，按住Ctrl键再单击面板中的路径也可以载入选区。

8.4.7 填充路径

填充路径是指用指定的颜色、图案或历

史记录快照填充路径内的区域。在进行路径填充前，先要设置好前景色；如果使用图案或历史记录的快照填充，还需要将所需的图像定义成图案或创建成历史记录快照。

在【路径】面板中单击【用前景色填充路径】按钮，可以直接使用预先设置的前景色填充路径。在【路径】面板菜单中选择【填充路径】命令，或按住 Alt 键再单击【路径】面板底部的【用前景色填充路径】按钮，可以打开【填充路径】对话框。在对话框中，设置选项后，单击【确定】按钮即可使用指定的颜色、图像状态、图案填充路径。

【例8-7】在图像文件中，填充路径，制作图像效果。 ◇视频+◇素材

01 在 Photoshop CS 4 应用程序中，选择【文件】|【打开】命令，打开一幅图像文件。

02 选择菜单栏中的【图像】|【调整】|【色相/饱和度】命令，打开【色相/饱和度】对话框，设置【明度】数值为55，然后单击【确定】按钮应用。

03 选择菜单栏中的【窗口】|【历史记录】命令，打开【历史记录】面板。单击【创建新快照】按钮 创建【快照1】。然

后将历史记录的源设置为【快照1】，并单击【打开】步骤。

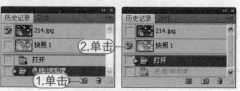

04 选中【矩形】工具，在选项栏中单击【路径】按钮和【从路径区域减去】按钮，然后使用【矩形】工具在图像文件中绘制。

05 在【路径】面板中，单击右上角的面板菜单按钮，在弹出的菜单中选择【填充路径】命令，打开【填充路径】对话框。在【使用】下拉列表中选择【历史记录】，设置【羽化半径】为50像素，然后单击【确定】按钮。

专家指点

默认情况下，绘制图形图层时，图形填充区域的颜色使用Photoshop中的前景色。用户选择【图层】|【改变图层内容】命令，在打开的级联菜单中选择【纯色】、【渐变】或【图案】等命令，即可更改图像的填充内容。

8.4.8 描边路径

在Photoshop中，可以为路径描边，创建丰富的边缘效果。

在创建路径后，单击【路径】面板中的【用画笔描边路径】按钮，即可以使用【画笔】工具的当前设置对路径进行描边。

在面板菜单中选择【描边路径】命令，或按住Alt键再单击【用画笔描边路径】按钮，打开【描边路径】对话框，在其中进行设置后，单击【确定】按钮即可为当前路径描边。但在打开【描边路径】对话框前，应先选择所需工具并进行设置，才能有效控制描边效果。如果在对话框中选择【模拟压力】选项，则描边线条会产生粗细变化。

【例8-8】在图像文件中，使用描边路径制作图像效果。 视频+素材

① 选择【文件】|【新建】命令，打开【新建】对话框。在对话框中，设置【宽度】和【高度】数值为100毫米，【分辨率】数值为150像素/英寸，然后单击【确定】按钮创建新文档。

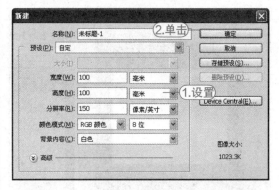

② 选择【矩形】工具，在选项栏中单击【路径】按钮，然后在图像中拖动绘制路径。

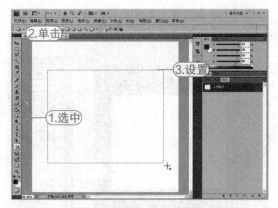

③ 选择【画笔】工具，打开【画笔】面板，选中【画笔笔尖形状】选项，选择【尖角13】画笔样式，设置【间距】数值为133%。

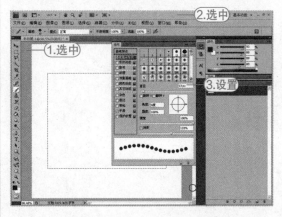

①4 在【路径】面板中单击【用画笔描边路径】按钮，描边路径。选择【矩形选框】工具，在选项栏中单击【从选区减去】按钮，在图像中创建选区，并按快捷键Alt+Backspace使用前景色填充选区。

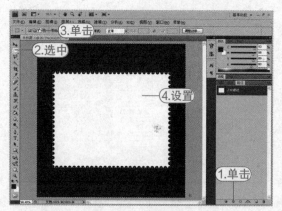

①5 在选项栏中，单击【新选区】按钮，继续使用【矩形选框】工具在图像中创建选区。

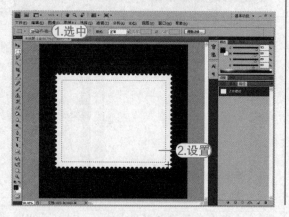

①6 选择【文件】|【打开】命令，打开一幅图像文件，按快捷键Ctrl+A全选图像，并按快捷键Ctrl+C复制。

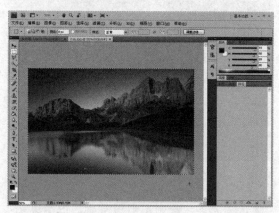

①7 返回前一个文件，选择【编辑】|【贴入】命令，将剪贴板中的图像贴入到选区内。

Chapter

09

蒙版与通道

蒙版与通道是Photoshop CS 4中非常重要的内容。熟悉蒙版与通道的应用有助于用户在图像编辑时进行更加复杂、细致的操作和控制，从而创作出更为理想的图像效果。

- ■ 蒙版
- ■ 通道的类型
- ■ 【通道】面板
- ■ 通道的操作
- ■ 【应用图像】命令
- ■ 【计算】命令

 参见随书光盘

9.1 蒙版

蒙版是合成图像的重要工具，使用蒙版可以在不破坏图像的基础上，完成图像的拼接。实际上，蒙版就是一种遮罩，使用蒙版可对图像中不需要编辑的区域进行保护。

9.1.1 【蒙版】面板

【蒙版】面板是Photoshop CS4应用程序中新增加的控制面板。【蒙版】面板提供用于调整蒙版的附加控件。可以像处理选区一样，更改蒙版的不透明度以增加或减少显示蒙版内容、反相蒙版、调整蒙版边界。

🔶 【像素蒙版】按钮🔲和【矢量蒙版】按钮🔲：设置创建蒙版的类型。

🔶 【浓度】选项：控制选定的图层蒙版或矢量蒙版的不透明度。

🔶 【羽化】选项：设置蒙版边缘柔化程度。

🔶 【反相】选项：反转蒙住和未蒙住的区域。

🔶 【蒙版边缘】选项：提供了多种修改蒙版边缘的控件，如平滑和收缩、扩展。

🔶 【颜色范围】选项：根据【色彩范围】对话框调整蒙版区域。

🔶 【从蒙版中载入选区】按钮🔲：将蒙版转换为选区。

🔶 【应用蒙版】按钮🔲：将蒙版应用于图层图像中，并删除蒙版。

🔶 【停用/启用蒙版】按钮👁：显示或隐藏蒙版效果。

另外，在【蒙版】面板中，单击右上角的扩展菜单按钮可以打开面板菜单。选择【蒙版选项】命令，可以设置蒙版的颜色和不透明度。

9.1.2 矢量蒙版

矢量蒙版是由【钢笔】工具或形状工具创建的、与分辨率无关的蒙版，它通过路径和矢量形状来控制图像的显示区域，可以任意缩放，常用来创建LOGO、按钮、面板或其他Web设计元素。

【例9-1】在图像文件中，创建矢量蒙版，修饰图像效果。🔗视频+📁素材

①1 在 Photoshop CS 4 应用程序中，选择【选择】|【文件】命令，打开图像文件。按快捷键 Ctrl+J 复制【背景】图层，按快捷键 Ctrl+Backspace 使用背景色填充。

①2 选中【图层1】图层，在【蒙版】面板中单击【矢量蒙版】按钮，选择【工具】面板中的【圆角矩形】工具，在选项栏中设置【半径】为30 px，然后在图像中单击鼠标左键拖动创建矢量蒙版。

9.1.3 剪贴蒙版

剪贴蒙版是使用某个图层的内容来遮盖其上方的图层。遮盖效果由下方图层和其上方图层的内容决定。下方图层的非透明内容将在剪贴蒙版中裁剪其上方图层的内容，即通过下方图层的形状来限制上方图层的显示内容。

【例9-2】在图像文件中，创建剪贴蒙版，修饰图像效果。 视频+素材

⓪① 选择【文件】|【打开】命令，选择打开图像文件。

⓪② 选择【矩形选框】工具，使用【矩形选框】工具沿画框内侧拖动创建选区，按快捷键Ctrl+J复制选区内图像。

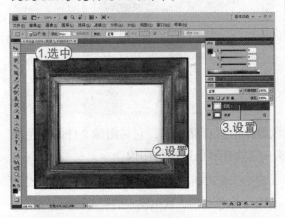

⓪③ 打开另一幅图像文件，按快捷键Ctrl+A全选图像内容，按快捷键Ctrl+C拷贝。

⓪④ 返回前一幅图像文件，按快捷键Ctrl+V，粘贴剪贴中的图像。在【图层】面板中选中【图层2】，单击右键，在弹出的菜单中选择【创建剪贴蒙版】命令，创建剪贴蒙版效果。

⓪⑤ 按快捷键Ctrl+T应用【自由变化】命令，按住Shift键缩小图像，然后按Enter键应用。

9.1.4 图层蒙版

图层蒙版是与文档具有相同分辨率的位

图图像。它可以用于合成图像，可以在创建调整图层、填充图层或应用智能滤镜时，由Photoshop自动添加，因此，图层蒙版在颜色调整、应用滤镜和指定选择区域中发挥了重要的作用。

由于图层蒙版也是一幅图像，因此可以像编辑图像对象那样对其进行编辑操作，如在蒙版中进行描绘、填充等编辑操作。

编辑图层蒙版，实际上就是对蒙版中的黑、白、灰三个色彩区域进行编辑，使图层蒙版控制图层中不同区域隐藏或显示。编辑图层蒙版常用的工具有【画笔】、【渐变】等工具。

要编辑图层蒙版，首先必须选择图层蒙版缩略图，然后使用工具更改图层蒙版。这样即使大量的特殊效果应用到图层中，也不会影响图层上的像素。

◯ 注意事项 ◯

需要注意的是，蒙版编辑效果与在图层蒙版上填充或使用画笔描绘的颜色有关，并且只能用黑、白、灰进行编辑。

【例9-3】在图像文件中，创建图层蒙版，修饰图像效果。◇视频+◇素材

⓵ 选择【文件】|【打开】命令，打开一幅图像文件。

⓶ 在【图层】面板中，单击【创建新图层】按钮创建【图层1】，并按快捷键

Ctrl+Backspace 使用背景色填充。然后单击【添加图层蒙版】按钮。

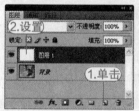

⓷ 选择【画笔】工具，在选项栏中设置画笔样式，然后在图层蒙版中涂抹。

9.2 通道的类型

在Photoshop中，通道是图像文件的一种颜色数据信息存储形式，它与图像文件的颜色模式密切关联。多个分色通道叠加在一起可以组成一幅具有颜色层次的图像。

◆ 【原色通道】：用于保存图像的颜色信息的通道，在打开图像时自动创建。图像所具有的原色通道的数量取决于图像的颜色模式。位图模式及灰度模式的图像有1个原色通道，RGB模式的图像有4个原色通道，

CMYK模式的有5个原色通道，Lab模式的有3个原色通道，HSB模式的有4个原色通道。

◆ 【Alpha通道】：用于存放选区信息，其中包括选区的位置、羽化值等。Alpha通道类似于灰度图像，可以向编辑任何其他

图像一样使用绘画工具、编辑工具和滤镜命令对通道效果进行编辑处理。

■【专色通道】：可以指定用于专色油墨印刷的附加印版。专色是特殊的预混油墨，用于替代或补充印刷色（CMYK）油墨，例如金色、银色和荧光色等特殊颜色。印刷时每种专色都要求专色印版，而专色通道可以把CMYK油墨无法呈现的专色指定到专色印版上。

9.3 【通道】面板

在 Photoshop 中，要对通道进行操作，必须使用【通道】面板。选择【窗口】|【通道】命令，即可打开【通道】面板。在面板中将根据图像文件的颜色模式显示通道数量。

在【通道】面板中可以通过直接单击通道选择所需通道，也可以按住 Shift 键单击选中多个通道。所选择的通道会以高亮的方式显示。当用户选择复合通道时，所有分色通道都以高亮方式显示。【通道】面板中其他组成元素较为简单介绍如下。

■【将通道作为选区载入】按钮 ○：单击该按钮，可以将通道中的图像内容转换为选区。

■【将选区存储为通道】按钮 □：单击该按钮，可以将当前图像中的选区以图像方式存储在自动创建的 Alpha 通道中。

■【创建新通道】按钮 ■：单击该按钮，即可在【通道】面板中创建一个新通道。

■【删除当前通道】按钮 ■：单击该按钮，可以删除当前用户所选择的通道，但不能删除图像的原色通道。

9.4 通道的操作

认识【通道】面板后，我们需要知道通道的基本操作，主要包括创建通道、复制通道、删除通道、分离与合并通道及存储与载入通道等内容。

9.4.1 创建通道

一般情况下，在 Photoshop 中创建的新通道是保存选择区域信息的 Alpha 通道。单击【通道】面板中的【创建新通道】按钮，即可将选区存储为Alpha通道。在将选择区域保存为 Alpha 通道时，选择区域被保存为白色，非选择区域给保存为黑色。如果选择区域具有不为 0 的羽化值，则被保存为柔和过渡的灰色。

要创建Alpha通道并设置选项，可按住 Alt 键再单击【创建新通道】按钮，或通过单击【通道】面板右上角的面板菜单按钮，从打开的面板菜单中选择【新建通道】命令，以打开【新建通道】对话框。在该对话框中，可以设置所需的通道参数选项，然后单击【确定】按钮，即可创建新的通道。

【例9-4】在打开的图像文件中，根据设置，创建新通道。❖视频+❖素材

01 选择【文件】|【打开】命令，打开一幅图像文件。

02 选中【通道】面板，单击面板右上角的面板菜单按钮，在弹出的菜单中选择【新建通道】命令。

03 在打开的【新建通道】对话框中，单击【确定】按钮创建新通道。

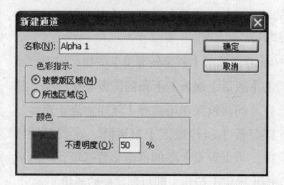

9.4.2 显示、隐藏通道

在【通道】面板中，通到缩览图左侧的通道可视图标可以控制通道的显示或隐藏。要隐藏通道，只需在该通道的可视图标处单击，使图标变为□即可；要想重新显示该通道，则再次单击图标使其变成即可。

通道缩览图用于缩略显示该通道内的图像效果。单击【图层】面板右上角的面板菜单按钮，从打开的面板控制菜单中选择【面板选项】命令，打开【通道面板选项】对话框，在其中调整缩览图的显示大小。

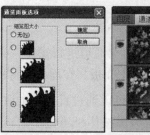

9.4.3 复制、删除通道

在图像文件编辑过程中，复制通道可以获得特殊的图像效果；而删除不需要的通道则可以节约图像文件所占空间的大小。

1. 复制通道

在进行图像处理过程中，有时需要对某一通道进行多种处理，从而获得特殊的视觉效果，或者需要将图像文件中的某个通道应用到其他图像文件中，这时就需要复制通道。在 Photoshop 中，不仅可以对同一图像文件中的通道进行多次复制，也可以在不同的图像文件之间复制任意通道。

选择【通道】面板中需复制的通道，然后在面板控制菜单中选择【复制通道】命令，可以打开【复制通道】对话框。

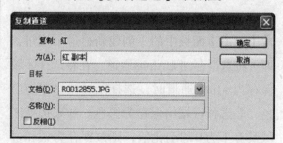

另外，还可以将要复制的通道直接拖动到【通道】面板底部的【创建新通道】按钮上释放，以在图像文件内快速复制通道。要

想复制当前图像文件的通道到其他图像文件中，可以直接拖动需要复制的通道至其他图像文件窗口中释放即可。

在图像之间复制通道时，通道必须具有相同的像素尺寸。不能将通道复制到位图模式的图像中。

2. 删除通道

在存储图像前删除不需要的 Alpha 通道，不仅可以减小图像文件占用的磁盘空间，而且可以提高图像文件的处理速度。一般可以使用以下两种方法删除通道。

◆ 选择【通道】面板中需要删除的通道，然后在面板控制菜单中选择【删除通道】命令。

◆ 选择【通道】面板中需要删除的通道，然后拖动其至面板底部的【删除当前通道】按钮上释放。

9.4.4 分离与合并通道

在Photoshop CS 4中可以将一幅图像文件的各个通道分离成单个文件分别存储，也可以将多个灰度文件合并为一个多通道的彩色图像，这就是通道的分离和合并操作。

1. 分离通道

使用【通道】面板扩展菜单中的【分离通道】命令可以把一幅图像文件的通道拆分为单独的图像文件，并且原文件同时被关闭。例如，可以将一个RGB颜色模式的图像文件分离为3个灰度图像文件，并且根据通道名称分别命名图像文件。

2. 合并通道

选择【通道】面板扩展菜单中的【合并通道】命令，即可合并分离出的灰度图像文件成一个图像文件。选择该命令，打开【合

并通道】对话框。在对话框中，可以定义合并采用的颜色模式以及通道数量。

默认情况下使用【多通道】模式即可。设置完成后，单击【确定】按钮，打开一个随颜色模式而变的设置对话框。例如，选择RGB模式时，会打开【合并RGB通道】对话框。用户可在该对话框中进一步设置需要合并的各个通道的图像文件。设置完成后，单击【确定】按钮，即可将选中的多个图像文件合并为一个图像文件，并且按照设置分别转换各个图像文件为新图像文件中的分色通道。

【例9-5】在图像文件中，分离图像通道，再将分离后的文件重新合并。●视频＋●素材

01 在Photoshop CS 4应用程序中，选择【文件】|【打开】命令，打开图像文件。

02 在【通道】面板中，单击右上角的面板菜单按钮，在弹出的菜单中选择【分离通道】命令，分离图像文件通道。

03 在【通道】面板中，单击面板菜单按钮，在弹出的菜单中选择【合并】通道命令。

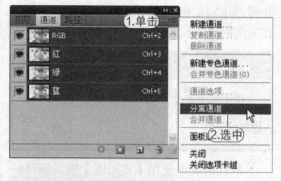

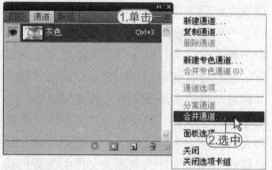

04 在打开的【合并通道】对话框中，选择【模式】下拉列表中的【RGB颜色】选项，然后单击【确定】按钮。

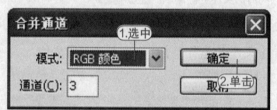

05 打开【合并RGB通道】对话框中，单击【确定】按钮，合并通道并生成新图像文件。

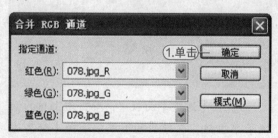

9.4.5 存储与载入通道选区

可以选择一个区域存储到一个Alpha通道中，在以后需要使用该选区时，从这个Alpha通道中载入这个选区即可。

1. 存储选区

创建选区后，单击【通道】面板底部的【将选区存储为通道】按钮，即可将选区存储为通道。也可选择【选择】|【存储选区】命令，打开【存储选区】对话框，设置并存储选区通道。

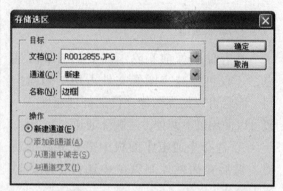

🔲 【文档】：用于为选区选取一个目标图像。默认情况下，选区放在当前图像的通道内。可以选取将选区存储到其它打开的且具有相同像素尺寸的图像的通道中，或存储到新图像中。

🔲 【通道】：用于为选区选取一个目标通道。默认情况下，选区存储在新通道中。可以选取将选区存储到选中图像的任意现有通道或图层蒙版中（如果图像包含图层）。

🔲 【名称】文本框：如果要将选区存储为新通道，在文本框中为该通道输入一个名称。如果要将选区存储到已有通道中，【操作】选项栏中的【新建通道】单选按钮变为【替换通道】按钮，其他单选按钮也被激活。

🔲 【替换通道】单选按钮：替换通道中的当前选区。

🔲 【添加到通道】单选按钮：将选区添加到当前通道内容。

🔲 【从通道中减去】单选按钮：从通道

内容中删除选区。

💠【与通道交叉】单选按钮：保留与通道内容交叉的新选区的区域。

2. 载入选区

要载入以前存储的选区，可以通过【通道】面板或【选择】|【载入选区】命令。

在通道面板中，选中 Alpha 通道，单击面板底部的【将通道作为选区载入】按钮；按住 Ctrl 键再单击 Alpha 通道缩览图；选择【选择】|【载入选区】命令，打开【载入选区】对话框即可载入选区。

◎ 注意事项 ◎

按住快捷键 Ctrl+Shift 再单击一个通道，可以将载入的选区与原有选区相加；按住快捷键 Ctrl+Alt 再单击一个通道，可以从原选区中减去载入的选区；按住快捷键 Ctrl+Shift+Alt 再单击一个通道，可以保留原有选区和载入选区相交的部分。

【例9-6】在图像文件中，复制通道，并将其应用于另一图像文件中。◈视频+◈素材

01 选择【文件】|【打开】命令，打开两幅图像文件。按快捷键 Ctrl+A 全选图像，然后选择【矩形选框】工具，单击选项栏中的【从选区减去】按钮，设置【羽化】数值为30px，在图像中创建选区。

02 按 Delete 键删除选区内的图像，然后在【通道】面板中单击【将选区存储为通道】按钮生成 Alpha 1 通道。

03 在【通道】面板中，选中 Alpha 1 通道。单击面板右上角的面板菜单按钮，在弹出的菜单中选择【复制通道】命令。

04 在打开的【复制通道】对话框的【文档】下拉列表中选择 104.JPG，然后单击【确定】按钮应用。

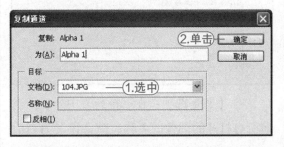

05 在104.JPG文档中，单击RGB通道和 Alpha 1 通道可视图标，再单击【通道】面板中的【将通道作为选区载入】按钮，然后选中 RGB 通道。

06 选中【图层】面板，按 Delete 键删除选区内图像，并按快捷键 Ctrl+D 取消选区。

专家指点

选择菜单栏中的【编辑】|【首选项】|
【界面】命令，打开【首选项】对话框。
在对话框中，选中【用彩色显示通道】复
选框，即可在【图层】面板中以该通道的
原色显示图像文件。

9.5 【应用图像】命令

【应用图像】命令用来混合大小相同的两个图像，它可以将一个图像（源）的图层和通道与当前图像(目标)的图层和通道混合。如果两个图像的颜色模式不同，则可以对目标图层的复合通道应用单一通道。选择【图像】|【应用图像】命令，可以打开【应用图像】对话框。

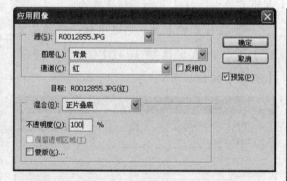

【源】选项：在下拉列表中列出了当前所有打开的图像的名称，默认设置为当前的活动图像，从中可以选择一个源图像与当前的活动图像相混合。

【图层】选项：在下拉列表中指定用源文件中的哪一个图层来进行运算。如果源文件没有图层，只能选择【背景】图层；如果有多个图层，则下拉列表中除包含有源文件的各图层外，还有一个合并选项，表示选择源文件的所有图层。

【通道】选项：在下拉列表中指定使用源文件中的哪个通道进行运算。

【反相】复选框：选择该复选框，则

将【通道】列表框中的蒙版内容进行反相。

【混合】选项：在下拉列表中选择合成模式进行运算。Photoshop CS 4增加了【相加】和【减去】两种合成模式，其作用是增加和减少不同通道中像素的亮度值。当选择【相加】或【减去】合成模式时，在下方会出现【缩放】和【补偿值】两个参数，设置不同的数值可以改变像素的亮度值。

【不透明度】选项：可以设置运算结果对源文件的影响程度。与【图层】面板中的不透明度作用相同。

【保留透明区域】复选框：该选项用于保护透明区域。选择该复选框，表示只对非透明区域进行合并。若在当前活动图像中选择了【背景】图层，则该选项不能使用。

【蒙版】复选框：若要为目标图像设置可选取范围，可以选中【蒙版】复选框，将图像的蒙版应用到目标图像。通道、图层透明区域以及快速遮罩都可以作为蒙版使用。

【例9-7】在打开的图像文件中，使用【应用图像】命令制作图像效果。 ◆视频+◆素材

① 选择【文件】|【打开】命令，打开两幅不同的图像文件。选择【图像】|【应用图像】命令，打开【应用图像】对话框。

② 在对话框的【源】下拉列表中选择2.jpg，【通道】下拉列表中选择【蓝】通道，【混合】下拉列表中选择【线性加深】选项，设置【不透明度】数值为80%。

③ 设置完成后，单击【确定】按钮应用命令。

9.6 【计算】命令

【计算】命令用于混合两个来自一个或多个源图像的单个通道，可以将结果应用到新图像、新通道、当前图像的选区。如果使用多个源图像，则这些图像的像素尺寸必须相同。选择【图像】|【计算】命令，可以打开【计算】对话框。

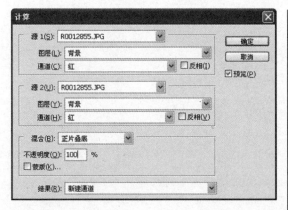

◆ 【源1】和【源2】选项：选择当前打开的源文件。

◆ 【图层】选项：在下拉列表中选择相应的图层。在合成图像时，源1和源2的顺序

会对最终合成的图像效果产生影响。

◆ 【通道】选项：在下拉列表中列出了源文件相应的通道。

◆ 【混合】选项：在下拉列表中选择合成模式进行运算。

◆ 【蒙版】复选框：若要为目标图像设置可选取范围，可以选中【蒙版】复选框，将图像的蒙版应用到目标图像中。通道、图层透明区域以及快速遮罩都可以作为蒙版使用。

◆ 【结果】选项：在下拉列表中指定一种混合结果。用户可以确定合成的结果是保存在一个新的灰度文档中，还是保存在当前

活动图像的新通道中；或者将合成的效果直接转换成选区范围。如果对选区范围执行色彩调整命令，可以达到一种特殊效果。

【例9-8】在打开的图像文件中，使用【计算】命令制作图像效果。◇视频+❧素材

01 选择【文件】|【打开】命令，打开一幅图像文件。

02 选择【图像】|【计算】命令，打开【计算】对话框。在对话框的【源1】和【源2】选项区的【通道】下拉列表中选择【绿】选项，选中【反相】复选框，在【混合】下拉列表中选择【深色】选项。

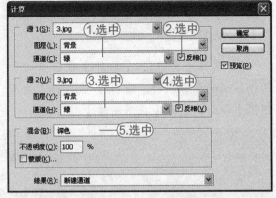

03 设置完成后，单击【确定】按钮应用命令。

Chapter 10

滤镜操作

在Photoshop CS 4中，通过滤镜可以对当前可见图层或图像选区进行各种特效处理。本章主要介绍滤镜的基础知识以及各个滤镜组的使用等内容。

- ■ 滤镜库
- ■ 【消失点】滤镜
- ■ 风格化滤镜组
- ■ 画笔描边滤镜组
- ■ 模糊滤镜组
- ■ 扭曲滤镜组
- ■ 锐化滤镜组
- ■ 素描滤镜组
- ■ 纹理滤镜组
- ■ 像素化滤镜组
- ■ 渲染滤镜组
- ■ 艺术效果滤镜组
- ■ 杂色滤镜组

 参见随书光盘

10.1 初识滤镜

Photoshop 中的滤镜是一种插件模块，使用滤镜可以改变图像像素的位置或颜色从而产生各种特殊的图像效果。Photoshop 提供了多达百种的滤镜，这些滤镜经过分组归类后存放在【滤镜】菜单中。Photoshop 还支持由第三方开发商提供的增效工具。在安装后，这些增效工具滤镜出现在【滤镜】菜单的底部，可与内置滤镜一样使用。

【滤镜】菜单中滤镜繁多，但大多数滤镜的操作方法是一样的。首先选择要执行滤镜命令的图层，接着在【滤镜】菜单中选择相应的滤镜命令，然后在打开的参数选项设置对话框中设置所需的参数效果。

打开一幅图像文件。

由于滤镜命令在处理过程中需要进行大量的数据运算，故相应的处理过程将比较耗时，尤其在对较大图像文件进行滤镜效果应用时。因此，Photoshop CS 4 在滤镜设置对话框中设置了预览区域，用户就可以通过预览区域下方的【缩小预览画面】按钮 ⊟ 和【放大预览画面】按钮 ⊞，缩放预览区域中图像的显示大小，预览滤镜处理效果。但有些滤镜命令在执行时不会显示参数选项设置对话框。

02 选择【滤镜】|【锐化】|【USM 锐化】命令，在打开的【USM 锐化】对话框中，设置【数量】数值为 100%，【半径】数值为 3 像素，【阈值】数值为 0，然后单击【确定】按钮锐化图像。

另外，在使用滤镜进行图像效果处理时，最好先确定要处理的图像范围，再执行滤镜命令。如果在使用滤镜命令时，没有确定滤镜要处理的图像范围，滤镜命令会以整个图像作为效果应用的范围。

【例10-1】在打开的图像文件中，选择【USM 锐化】滤镜调整图像效果。❖视频+📂素材

01 选择【文件】|【打开】命令，选择

10.2 滤镜库

【滤镜库】是整合了多个常用滤镜组的设置对话框。利用【滤镜库】可以累积应用多个滤镜或多次应用单个滤镜，还可以重新排列滤镜或更改已应用的滤镜设置。

要想使用【滤镜库】对话框，可以选择【滤镜】|【滤镜库】命令。在【滤镜库】对话框中，提供了【风格化】、【画笔描边】、【扭曲】、【素描】、【纹理】、【艺术效果】等6组滤镜。

术效果】滤镜组中的【调色刀】，设置【描边大小】数值为4，【描边细节】数值为3，【软化度】数值为0。

通过【滤镜库】对话框的预览区域，用户可以更加方便的设置滤镜效果的参数选项。单击预览区域下方的【-】按钮和【+】按钮，可以调整图像预览显示的大小。单击预览区域下方的【缩放比例】按钮，可以在打开的【缩放比例】列表中选择Photoshop预设的缩放比例。

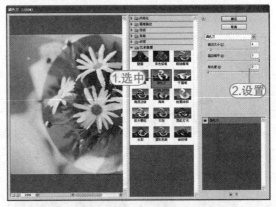

【滤镜库】对话框中间是滤镜命令选择区域，只需单击该区域中显示的滤镜命令效果缩略图，即可选择某命令。要想隐藏滤镜命令选择区域，只需单击对话框中的【显示/隐藏滤镜命令选择区域】按钮，这样就可使用更多空间显示预览区域。

在【滤镜库】对话框中，用户可以使用滤镜叠加功能，即在同一个图像上同时应用多个滤镜效果。对图像应用一个滤镜效果后，只需单击滤镜效果列表区域下方的【新建效果图层】按钮，即可在滤镜效果列表中添加一个滤镜效果图层。然后，选择需要增加的滤镜命令并设置其参数选项，就可以对图像增加使用一个滤镜效果。

03 单击【新建效果图层】按钮，选择【画笔描边】下的【喷溅】滤镜，设置【喷色半径】数值为3，【平滑度】数值为5。

【例10-2】在图像文件中，使用【滤镜库】调整图像效果。

01 在Photoshop CS4应用程序中，选择【文件】|【打开】命令，打开一幅图像文件。

02 选择【滤镜】|【滤镜库】命令，打开【滤镜库】对话框。在对话框中选中【艺

04 在【滤镜库】对话框中，选中【调色刀】滤镜，单击【删除效果图层】按钮删除【调色刀】滤镜效果，然后单击【确定】应用滤镜设置。

10.3 【消失点】滤镜

消失点的作用是帮助用户对含有透视平面的图像进行透视图调节和编辑。使用【消失点】滤镜，先选定图像中的平面，在透视平面理论的指导下，运用绘画、克隆、复制或粘贴以及变换等编辑工具对图像中的内容进行修饰、添加或移动，使最终效果更加逼真。

🔲 【编辑平面】工具 ：用于选择、编辑、移动平面并调整平面大小。

🔲 【创建平面】工具 ：用于定义平面的4个角节点，同时调整平面的大小和形状。在操作中按住Ctrl键，可以拖移某个边节点，拉出一个垂直平面。

🔲 【选框】工具：在平面中单击并拖动可选择该平面上的区域。在操作过程中，按住Alt键，可以拖动选区并拉出一个选区副本；按住Ctrl键，可以拖动选区并使用源图像填充选区。

🔲 【图章】工具：用于在图像中进行仿制操作。在平面中按住Alt键再单击设置仿制源点，然后单击并拖动以绘画或仿制。

🔲 【画笔】工具：用于在图像上绘制选定颜色。在其选项栏中，可以为【画笔】设置直径、硬度、不透明度等参数数值。

🔲 【吸管】工具：使用该工具在预览区域中单击，可以选择一种用于绘画的颜色。

🔲 【测量】工具：测量两点的距离，编辑距离可设置测量的比例。

【例10-3】在打开的图像文件中，使用【消失点】滤镜调整图像。 ◈视频 + ▣素材

01 选择【文件】|【打开】命令，选择打开一个图像文件。选择【滤镜】|【消失点】命令，打开【消失点】对话框。

02 选择【缩放】工具，在图像区域中拖动放大区域。

具，选择选项栏【修复】下拉列表框中的【开】选项，并启用【对齐】复选框。按住Alt键，再在平面范围中单击创建取样点。

03 在左侧的【工具】栏中选择【创建平面】工具，在预览窗口中创建平面范围，然后使用【编辑平面】工具调整各个节点，使其符合透视效果。

05 使用【图章】工具在平面范围内进行涂抹以仿制图像内容，并使其符合透视效果，然后单击【确定】按钮应用。

04 选择【工具】面板中的【图章】工

10.4 风格化滤镜组

风格化滤镜组中包含9种滤镜，可以置换像素、查找并增加图像的对比度，产生绘画或印象派风格的效果。

1.【查找边缘】滤镜

【查找边缘】滤镜能自动搜索图像像素对比度变化剧烈的边界，将高反差选区变亮，低反差区变暗，其他区域亮度则介于两者之间。并硬边变为线条，而柔边变粗，形成一个清晰的轮廓。

2.【扩散】滤镜

【扩散】滤镜可以使图像中相邻的像素

按规定的方式有机移动，使图像扩散，形成一种类似于透过磨砂玻璃观察对象的分离模糊效果。

■ 【正常】单选按钮：选中该单选按钮，可以通过像素点的随机移动来实现图像的扩散效果，而图像的亮度不变。

■ 【变暗优先】单选按钮：选中该按钮，将用较暗的颜色替换较亮的颜色来产生扩散效果。

💠【变亮优先】单选按钮：选中该按钮，将用较亮的颜色替换较暗颜色来产生扩散效果。

💠【各向异性】单选按钮：选中该按钮，将通过图像中较暗和较亮的像素来产生扩散效果。

3.【拼贴】滤镜

【拼贴】滤镜可以根据指定的值将图像分为块状，并使其偏离其原来位置，产生不规则的拼凑图像效果。

💠【拼贴数】文本框：用于设置图像每行和每列中要显示的块数。

💠【最大位移】文本框：用于设置允许拼贴块偏移原位置的最大距离。

💠【填充空白区域用】栏：用于设置拼贴块间空白区域的填充方式，有【背景色】、【反向图像】、【前景颜色】和【未改变的图像】等4个单选按钮。

4.【凸出】滤镜

【凸出】滤镜可以将图像分成一系列大小相同，有机重叠放置的立方体或锥体，产生特殊的3D效果。

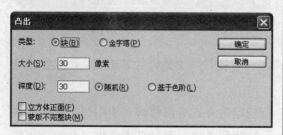

💠【类型】选项栏：用于设置三维块的形状，包括【块】和【金字塔】两个单选按钮。

💠【大小】文本框：用于设置三维块的大小。该数值越大，三维块越大。

💠【深度】文本框：用于设置凸出深度。其中的【随机】单选按钮和【基于色

阶】单选按钮表示三维块的排列方式。

💠【立方体正面】复选框：选中该复选框，只对立方体的表面而不是对整个图案填充物体的平均色。

💠【蒙版不完整块】复选框：选中该复选框，将使所有的图像都包括在凸出范围之内。

【例10-4】在图像文件中，使用【拼贴】滤镜制作图像效果。◈视频+◈素材

⓪1 在 Photoshop CS 4 应用程序中，选择【文件】|【打开】命令，打开一幅图像文件。按快捷键 Ctrl+J 复制【背景】图层，然后选中【背景】图层，按快捷键 Ctrl+Backspace 使用背景色填充图层。

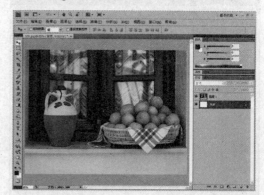

⓪2 选中【图层1】，选择【滤镜】|【风格化】|【拼贴】命令，打开【拼贴】对话框。设置【拼贴数】数值为5，【最大位移】数值为10%，然后单击【确定】按钮应用。

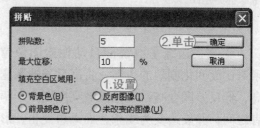

⓪3 选择【魔棒】工具，在选项栏中设置【容差】数值为10，然后在【图层1】图像的白色区域单击创建选区，并按 Delete 键删除选区内图像。

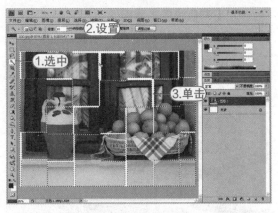

离】数值为3像素，【大小】数值为2像素，然后单击【确定】按钮应用。

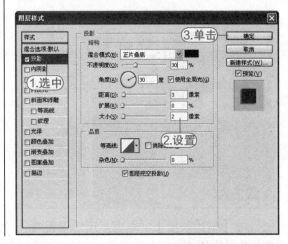

④ 按快捷键Ctrl+D取消选区，双击【图层1】打开【图层样式】面板。选中【投影】样式，设置【不透明度】数值为30%，【距

10.5 画笔描边滤镜组

画笔描边滤镜组中包含8种滤镜，它们当中的有些滤镜通过不同的油墨和画笔勾画图像产生绘画效果，有些滤镜可以给图像添加颗粒、绘画、杂色、边缘细节或纹理效果。

1.【成角的线条】滤镜

【成角的线条】滤镜使用对角描边重新绘制图像，用一个方向的线条绘制亮部区域，再用相反方向的线条绘制暗部区域。

◆ 【方向平衡】文本框：用于设置笔触的倾斜方向。该值越大，成角的线条越长。

◆ 【描边长度】文本框：用于控制勾绘画笔的长度。该值越大，笔触线条越长。

◆ 【锐化程度】文本框：用于控制笔锋的尖锐程度。该值越小，图像越平滑。

2.【喷溅】滤镜

【喷溅】滤镜能够模拟喷枪，使图像产生笔墨喷溅的艺术效果。

◆ 【喷色半径】文本框：用于控制喷溅的范围。该值越大，喷溅范围越大。

◆ 【平滑度】文本框：用于调整喷溅效果的轻重及光滑度，该值越大，喷溅浪花越光滑，但也越模糊。

3.【喷色描边】滤镜

【喷色描边】滤镜可以使用图像的主导

色及成角、喷溅的线条重新绘制图像，产生斜纹飞溅的效果。

【描边长度】文本框：用于设置喷色描边笔触的长度。

【喷色半径】文本框：用于设置图像飞溅的半径。

【描边方向】下拉列表：用于设置喷色方向，包括【左对角线】、【水平】、【右对角线】和【垂直】4个选项。

4.【强化的边缘】滤镜

【强化的边缘】滤镜可以强化图像的边缘效果。

【边缘宽度】文本框：用于控制边缘的宽度。该值越大，边界越宽。

【边缘亮度】文本框：用于调整边界的亮度。该值越大，图像边缘越亮；相反，边缘越暗。

【平滑度】文本框：用于调整处理边界的平滑度。

5.【深色线条】滤镜

【深色线条】滤镜用短而紧密地深色线条绘制暗部区域，用长的白色线条绘制亮部区域。

【平衡】文本框：用于调整笔触的方向大小。该值越大，黑色笔触越多。

【黑色强度】文本框：用于控制黑色阴影的强度。该值越大，变黑的区域范围越大。

【白色强度】文本框：用于控制白色区域的强度，该值越大，变亮的浅色范围越大。

【例10-5】在图像文件中，使用【成角的线条】滤镜制作图像效果。

01 在Photoshop CS 4 应用程序中，选择【文件】|【打开】命令，打开一幅图像文件。按快捷键Ctrl+J复制【背景】图层。

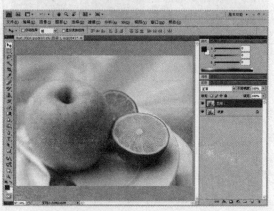

02 选择【图像】|【调整】|【去色】命

令，在【图层】面板中设置【图层1】的混合模式为【正片叠底】。

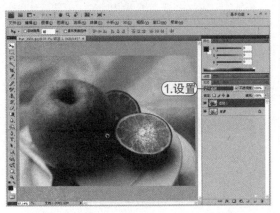

⑬ 选择【滤镜】|【画笔描边】|【成角的线条】命令，在打开的对话框中设置

【方向平衡】数值为83，【描边长度】数值为12，【锐化程度】数值为10，设置完成后，单击【成角的线条】对话框中的【确定】按钮，应用滤镜设置。

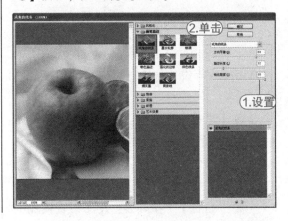

10.6 模糊滤镜组

模糊滤镜组中包含11种滤镜，它们可以削弱相邻像素的对比度并柔滑图像，使图像产生模糊效果。在去除图像的杂色，或者创建特殊效果时经常用到此类滤镜。

1.【动感模糊】滤镜

【动感模糊】滤镜可以根据制作效果的需要沿指定方向、以指定强度模糊图像，产生的效果类似于以固定的曝光时间对一个移动的对象拍照，在表现对象的速度感时会经常用到该滤镜。

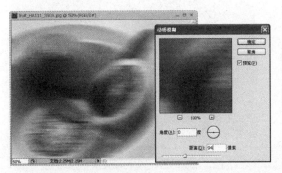

🔹【角度】文本框：用于控制运动模糊的方向，可以通过改变文本框中的数字或直接拖动滑块来调整。

🔹【距离】文本框：用于控制像素移动的距离，即模糊强度。该值越大，图像模糊的程度越大。

2.【径向模糊】滤镜

【径向模糊】滤镜可以模拟缩放或旋转的相机所产生的模糊效果。

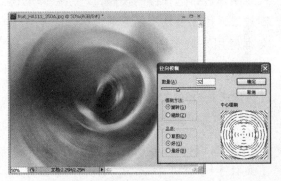

🔹【数量】文本框：用于调节模糊效果的强度，数值越大，模糊效果越强。

🔹【中心模糊】预览框：用于设置模糊从哪一点开始向外扩散。在预览框中单击任意一点即从该点开始向外扩散。

🔹【模糊方法】选项栏：选中【旋转】单选按钮时，产生旋转模糊效果；选中【缩放】单选按钮时，产生放射模糊效果，模糊从模糊中心处开始放大。

　　　◆【品质】选项栏：用于调节模糊质量，包括【草图】、【好】、【最好】单选按钮。

3.【特殊模糊】滤镜

　　【特殊模糊】滤镜提供了半径、阈值和模糊品质等设置选项，可以精确地模糊图像。

　　　◆【半径】文本框：用于设置辐射范围的大小。该值越大，模糊效果越明显。

　　　◆【阈值】文本框：只有相邻像素间的亮度差不超过此临界值的像素才会被模糊。

　　　◆【品质】下拉列表：用于设置模糊的质量，包括【低】、【中】和【高】3个选项。

　　　◆【模式】下拉列表：用于设置效果模式，有【正常】、【边缘优先】和【叠加边缘】3个选项。

4.【高斯模糊】滤镜

　　【高斯模糊】滤镜可以以高斯曲线的形式对图像进行选择性的模糊，产生浓厚的模糊效果，使图像从清晰逐渐模糊。【半径】文本框用来调节图像的模糊程度。该值越大，图像的模糊效果越明显。

　　【例10-6】在图像文件中，使用【高斯模糊】滤镜制作图像效果。▶视频+◎素材

　　⓵ 在 Photoshop CS 4 应用程序中，选择【文件】|【打开】命令，打开一幅图像文件。按快捷键Ctrl+J复制【背景】图层。

　　⓶ 选择【滤镜】|【模糊】|【高斯模糊】命令，打开【高斯模糊】对话框。设置【半径】数值为1像素，然后单击【确定】按钮。

　　⓷ 在【图层】面板中，将【图层1】的图层混合模式设置为【滤色】。

10.7 扭曲滤镜组

　　扭曲滤镜组中包含13种滤镜，它们可以对图像进行几何扭曲，创建 3D 或其他整形效果。由于使用这些滤镜会占用大量内存，因此若文件较大，应先在小尺寸的图像上试验。

1.【波浪】滤镜

　　【波浪】滤镜可以在图像上创建波状起伏的图案，生成波浪效果。

　　　◆【生成器数】文本框：用于设置产生波浪的波源数目。

　　　◆【波长】文本框：用于控制波峰间

距。有【最小】和【最大】两个参数，分别表示最短波长和最长波长，最短波长值不能超过最长波长值。

　　【波幅】文本框：用于设置波动幅度，有【最小】和【最大】两个参数，表示最小波幅和最大波幅，最小波幅不能超过最大波幅。

　　【比例】文本框：用于调整水平和垂直方向的波动幅度。

　　【类型】选项栏：用于设置波动类型，有【正弦】、【三角形】和【方形】3种类型。

　　【随机化】按钮：单击该按钮，可以随机改变图像的波动效果。

2.【极坐标】滤镜

　　【极坐标】滤镜可以将图像从平面坐标转换为极坐标，或者从极坐标转换为平面坐标。

　　【平面坐标到极坐标】单选按钮：表示将图像从平面坐标转化到极坐标。

　　【极坐标到平面坐标】单选按钮：表示将图像从极坐标转化到平面坐标。

3.【挤压】滤镜

　　【挤压】滤镜可以将整个图像或选区内的图像向内或向外挤压。【数量】文本框用于调整挤压程度，其取值范围为-100%~100%，取正值时使图像向内收缩，取负值时使图像向外膨胀。

4.【扩散亮光】滤镜

　　【扩散亮光】滤镜可以在图像中添加白色杂色，并从图像中心向外渐隐亮光，使其产生一种光芒漫射的效果。

　　【粒度】文本框：用于控制辉光中的颗粒度，该值越小，颗粒越少。

　　【发光量】文本框：用于调整辉光的强度，该值不宜过大。

　　【清除数量】文本框：用于控制受滤镜影响的图像区域范围。该值越大，受影响的区域越少。

5.【旋转扭曲】滤镜

　　【旋转扭曲】滤镜可以使图像产生旋转的效果。【角度】文本框的值为正时，图像顺时针旋转扭曲；为负时，图像逆时针旋转扭曲。

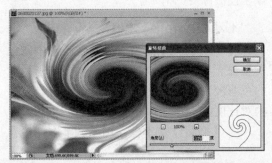

6.【置换】滤镜

【置换】滤镜可以使图像产生移位效果，图像的移位方向与对话框中的参数设置和置换图像有关。置换图像的前提是有两个图像文件，一个图像是待编辑的图像，另一个是置换图像，置换图像充当移位模板，用来控制位移的方向。

🔲【水平比例】文本框：用于设定像素在水平方向的移动距离。数值越大，图像在水平方向上的位移越大。

🔲【垂直比例】文本框：用于设定像素在垂直方向的移动距离。数值越大，图像在垂直方向上的位移越大。

🔲【置换图】选项：用于设置置换图像的属性。选中【伸展以适合】单选按钮时，置换图像会覆盖原图并放大（置换图像小于原图时），以适合原图大小；选中【拼贴】单选按钮时，置换图像会直接叠放在原图上，不作任何大小调整。

🔲【未定义区域】栏：用于设置未定义区域的处理方法，包括【折回】和【重复边缘像素】单选按钮。

【例10-7】在图像文件中，使用【扩散亮光】滤镜制作图像效果。🎬视频+🖼素材

⓵ 在 Photoshop CS 4 应用程序中，选择【文件】|【打开】命令，打开一幅图像文件。按快捷键 Ctrl+A 全选图像，选择【矩形

选框】工具，在选项栏中单击【从选区减去】按钮，设置【羽化】数值为60 px，然后创建选区。

⓶ 选择【滤镜】|【扭曲】|【扩散亮光】命令，打开【扩散亮光】对话框。设置【粒度】数值为10，【发光量】数值为9，【清除数量】数值为5，然后单击【确定】按钮应用。

10.8 锐化滤镜组

锐化滤镜组中包含5种滤镜，它们可以通过增强相邻像素间的对比度来聚焦模糊的图像，使图像变的清晰。

1.【USM 锐化】滤镜

【USM 锐化】滤镜可以查找图像中颜色发生显著变化的区域，将其锐化。对于专业的色彩校正，可以使用该滤镜调整边缘细节的对比度。

🔲【数量】文本框：用于调节图像锐化

的程度。该值越大，锐化效果越明显。

🔲【半径】文本框：用于设置图像轮廓周围锐化的范围。该值越大，锐化范围越广。

🔲【阈值】文本框：用于设置锐化的相邻像素的差值。只有对比度差值高于此值的像素才会被锐化处理。

2.【智能锐化】滤镜

【智能锐化】滤镜具有【USM锐化】滤镜所没有的锐化控制功能。该滤镜可以设置锐化算法，控制在阴影和高光区域中的锐化量。在进行操作时，可将文档窗口放大到100%，以便精确地查看锐化效果。

10.9　素描滤镜组

素描滤镜组中包含14种滤镜，它们可以将纹理添加到图像，常用来模拟素描和速写等艺术效果或手绘外观。其中大部分滤镜在重绘图像时都要使用前景色和背景色，因此，设置不同的前景色和背景色时，可以获得不同的效果。

1.【半调图案】滤镜

【半调图案】滤镜可以在保持连续色调范围的同时，模拟半调网屏效果。

● 【大小】文本框：用于设置网点的大小。该值越大，网点越大。

● 【对比度】文本框：用于设置前景色的对比度。该值越大，前景色的对比度越强。

● 【图案类型】下拉列表：用于设置图案的类型，有【网点】、【圆形】和【直线】3个选项。

2.【绘图笔】滤镜

【绘图笔】滤镜使用细的、线状的油墨描边捕捉原图像中的细节。用前景色作为油墨，背景色作为纸张，替换原图像中的颜色。

● 【描边长度】文本框：用于调节笔触在图像中的长短。

● 【明/暗平衡】文本框：用于调整图像前景色和背景色的比例。当该值为0时，图像被背景色填充；当该值为100时，图像被前景色填充。

● 【描边方向】下拉列表：用于选择笔触的方向。

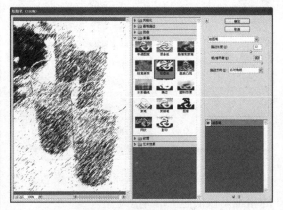

3.【水彩画纸】滤镜

【水彩画纸】滤镜能制作出类似在潮湿的纸上绘图而产生的画面浸湿的效果。

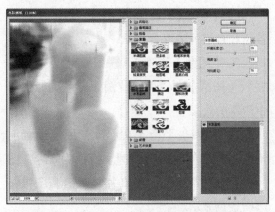

● 【纤维长度】文本框：用于控制边缘扩散程度、笔触长度。该值越大，纤维笔刷越长。

🔹【亮度】文本框：用于调整图像画面的亮度。该值越大，图像越亮。

🔹【对比度】文本框：用于调整图像与笔触的对比度。该值越大，图像明暗程度越明显。

4.【炭笔】滤镜

【炭笔】滤镜可以将图像以类似炭笔画的效果显示。前景色代表笔触的颜色，背景色代表纸张的颜色。在绘制过程中，阴影区域用黑色炭笔线条替换。

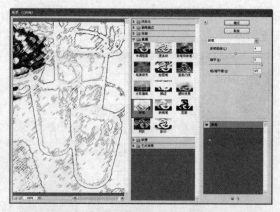

🔹【炭笔粗细】文本框：用于设置笔触的粗细。该值越大，笔触越粗。

🔹【细节】文本框：用于设置图像细节的保留程度。该值越大，炭笔刻画的越细腻。

🔹【明/暗平衡】文本框：用于控制前景色和背景色的混合比例。

5.【图章】滤镜

【图章】滤镜可以使图像产生类似生活中印章的效果。

🔹【明/暗平衡】文本框：用于设置前景色与背景色的混合比例。当值为0时，图像将显示为背景色；当值大于50时，图像将以前景色显示。

🔹【平滑度】文本框：用于调节图章效果的锯齿程度。该值越大，图像越光滑。

6.【网状】滤镜

【网状】滤镜将使用前景色和背景色填充图像，在图像中产生一种网眼覆盖效果。

🔹【浓度】文本框：用于设置网眼的密度。

🔹【前景色阶】文本框：用于设置前景色的层次。该值越大，实色块越多。

🔹【背景色阶】文本框：用于设置背景色的层次。

【例10-8】在图像文件中，结合使用【扭曲】和【素描】滤镜制作图像效果。🎬视频

🔘1 在 Photoshop CS 4 应用程序中，选择【文件】|【新建】命令，在打开的对话框中设置【宽度】和【高度】均为600像素，【分辨率】为150像素/英寸，【颜色模式】为【RGB颜色】，然后单击【确定】按钮新建文件。

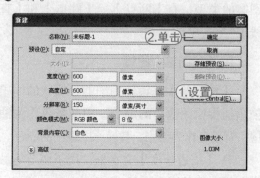

🔘2 选择【渐变】工具，在选项栏中单击【线性渐变】按钮，然后使用工具在图像中从下往上拖动创建渐变。

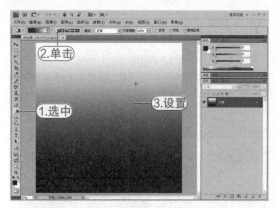

03 选择【滤镜】|【扭曲】|【波浪】命令，在打开的【波浪】对话框中，选择【三角形】单选按钮，设置【生成器数】为1，【波长】的【最小】和【最大】值均为40，【波幅】的【最小】值为150，【最大】值为500，然后单击【确定】按钮。

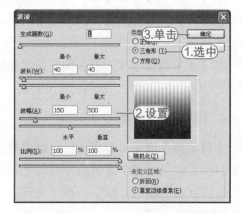

04 选择【滤镜】|【扭曲】|【极坐标】命令，在打开的【极坐标】对话框中，选择【平面坐标到极坐标】按钮后，单击【确定】按钮。

05 选择【滤镜】|【素描】|【铬黄渐变】命令，在打开的【铬黄渐变】对话框中，设置【细节】为10，【平滑度】为10，然后单击【确定】按钮。

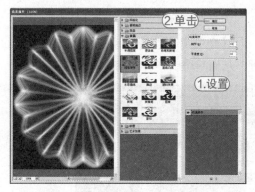

06 在【图层】面板中单击【创建新图层】按钮，创建【图层1】。在选项栏中，单击【径向渐变】按钮，再单击渐变样式预览框，在打开的【渐变编辑器】中单击【橙，黄，橙渐变】渐变样式，然后使用工具在图像中填充渐变。在【图层】面板中，将【图层1】的图层混合模式设置为【颜色】。

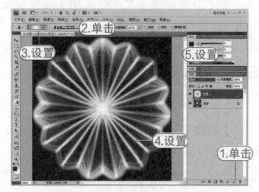

07 在【图层】面板中选中【背景】图层，按快捷键Ctrl+I反相图像。

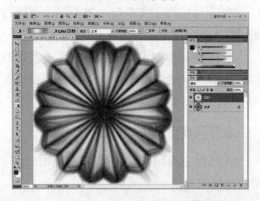

10.10 纹理滤镜组

纹理滤镜组中包含6种滤镜，它们可以模拟产生具有深度感或物质感的外观。

1.【龟裂缝】滤镜

【龟裂缝】滤镜可以使图像产生龟裂纹理，从而制作出具有浮雕效果的图像。

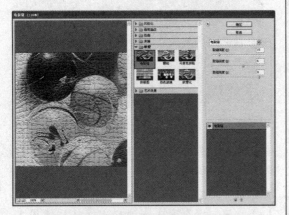

🔹【裂缝间距】文本框：用于设置裂纹间隔距离。该值越大，裂纹的间距越大。

🔹【裂缝深度】文本框：用于设置裂纹深度。该值越大，裂纹越深。

🔹【裂纹亮度】文本框：用于设置裂纹亮度。该值越大，裂纹的颜色越亮。

2.【颗粒】滤镜

【颗粒】滤镜可以在图像中随机加入不规则的颗粒来产生颗粒纹理效果。

🔹【强度】文本框：用于设置颗粒密度，取值范围为0~100。该值越大，图像中的颗粒越多。

🔹【对比度】文本框：用于调整颗粒的明暗对比度，取值范围为0~100。

🔹【颗粒类型】下拉列表：用于设置颗粒的类型，包括【常规】、【柔和】和【喷洒】等10种类型。

3.【马赛克拼贴】滤镜

【马赛克拼贴】滤镜可以使图像产生马赛克网格的效果。

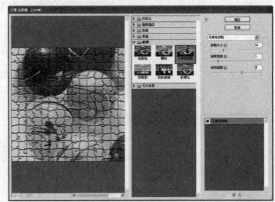

🔹【拼贴大小】文本框：用于设置拼贴块的大小。该值越大，拼贴块的网格越大。

🔹【缝隙宽度】文本框：用于设置拼贴块间隔的大小。该值越大，拼贴块的网格缝隙越宽。

🔹【加亮缝隙】文本框：用于设置间隔的加亮程度。该值越大，缝隙的明度越高。

4.【拼缀图】滤镜

【拼缀图】滤镜可以将图像分割成数量不等的小方块，用每个方块内像素的平均颜色作为该方块的颜色，模拟一种在建筑上拼贴瓷砖的效果。

🔹【方形大小】文本框：用于调整方块的大小。该值越小，方块越小，图像越精细。

【凸现】文本框：用于设置拼贴图片的凹凸程度。该值越大，纹理凹凸程度越明显。

5.【染色玻璃】滤镜

【染色玻璃】滤镜可以在图像中产生不规则的玻璃网格，每格的颜色为该格颜色的平均值。

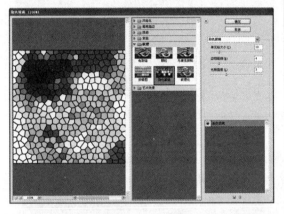

【单元格大小】文本框：用于设置玻璃网格的大小。该值越大，玻璃网格越大。

【边框粗细】文本框：用于设置玻璃网格边框的宽度。该值越大，网格的边框越宽。

【光照强度】文本框：用于设置照射玻璃网格的虚拟灯光强度。该值越大，图像中间的光照越强。

6.【纹理化】滤镜

【纹理化】滤镜可以为图像添加纹理效果。

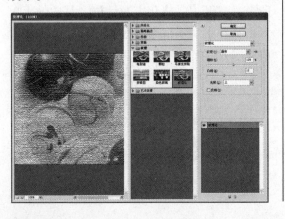

【纹理】下拉列表：提供了【砖形】、【粗麻布】、【画布】和【砂岩】4种纹理类型。另外，用户还可以选择【载入纹理】选项来装载自定义的、以PSD文件格式存放的纹理模板。

【缩放】文本框：用于调整纹理的尺寸大小。该值越大，纹理效果越明显。

【凸现】文本框：用于调整纹理的深度。该值越大，图像的纹理深度越深。

【光照】下拉列表：提供了8种方向的光照效果。

【例10-9】在图像文件中，使用【颗粒】滤镜制作图像效果。

01 选择【文件】|【打开】命令，打开一幅图像文件，并按快捷键Ctrl+J复制图层。

02 选择【滤镜】|【纹理】|【颗粒】命令，打开【颗粒】对话框，在【颗粒类型】下拉列表中选择【垂直】，设置【强度】为40，【对比度】为50，然后单击【确定】按钮。

❸ 在【图层】面板中，设置图层【混合模式】为【深色】。

❹ 单击【添加图层蒙版】按钮创建图层

蒙版。选择【画笔】工具，在选项栏中选择一种柔角画笔，设置【不透明度】为20%，然后在图层蒙版中涂抹。

10.11 像素化滤镜组

　　像素化滤镜组中包含7种滤镜，它们可以通过将单元格中颜色值相近的像素结成块来清晰地定义一个选区，可以创建彩块、点状、晶格和马赛克等特殊效果。

1.【彩色半调】滤镜

　　【彩色半调】滤镜将图像分成圆形网格，然后向其内部填充像素，模拟在图像的每个通道上使用放大的半调网屏效果。其中，【最大半径】文本框用来设置栅格的大小，取值范围为4~127像素；【网角（度）】选项栏用来设置屏蔽度数，共有4个通道，分别代表填入颜色之间的角度。

2.【点状化】滤镜

　　【点状化】滤镜可以将图像中的颜色分解为随机分布的网点，如同点状化绘画一样，并使用背景色填充网点之间的画布区域。

3.【晶格化】滤镜

　　【晶格化】滤镜能将图像中相近的像素集中到一个像素的多边形网格中，使像素结为纯色多边形，使图像产生类似冰块的块状效果。选择【滤镜】|【像素化】|【晶格化】命令，打开【晶格化】对话框，其中的【单元格大小】文本框用于控制色块的大小，取值范围为3~300。

4.【马赛克】滤镜

【马赛克】滤镜效果能使图像中相似像素结为方形块，使方形块中的像素颜色相同，产生马赛克效果。选择【滤镜】|【像素化】|【马赛克】命令，打开【马赛克】对话框。【单元格大小】文本框用来设置相似像素方形块的大小，取值范围为2~200。

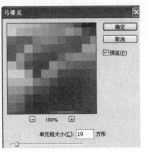

【例10-10】在图像文件中，使用【马赛克】滤镜制作图像效果。 ◎视频+◎素材

① 在 Photoshop CS 4 应用程序中，选择【文件】|【打开】命令，选择打开图像文件。按快捷键Ctrl+J复制背景图层。

② 选择【滤镜】|【像素化】|【马赛克】命令，打开【马赛克】对话框。在对话框中设置【单元格大小】为30方形，然后单击【确定】按钮。在【图层】面板中，设置图层【混合模式】为【滤色】。

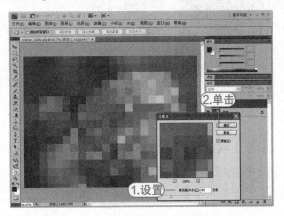

③ 选择【滤镜】|【锐化】|【USM 锐化】命令，打开【USM 锐化】对话框。在对话框中设置【数量】数值为100%，【半径】数值为7像素，【阈值】数值为0，然后单击【确定】按钮应用。

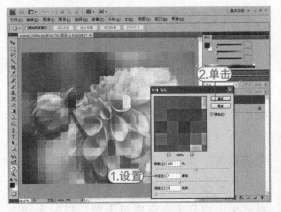

10.12 渲染滤镜组

渲染滤镜组中包含5种滤镜，这些滤镜可以在图像中创建3D形状、云彩图案、折射图案、模拟光反射。

1.【光照效果】滤镜

【光照效果】滤镜的功能非常强大，用户可以在其中设置光源的【样式】、【类型】、【强度】和【光泽】等参数，系统根据这些设定的参数模拟产生三维光照效果。

◆【样式】下拉列表：可以选择光源的样式。系统提供了十多种样式，能模拟各种舞台光源效果。

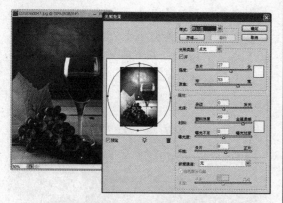

❖【光照类型】下拉列表：在选中【开】复选框后才可以在该项下拉列表框中选择光照的类型。其中包括【平行光】、【点光】、【全光源】3种灯光类型。

❖【强度】选项栏：拖动其下方的滑块可以控制光照的强度，取值范围为-100~100。该值越大，光照越强。单击其右侧的颜色图标，在弹出的【拾色器】对话框中可以设置灯光的颜色。

❖【聚焦】选项栏：可以调节椭圆区域内光线照射的范围。

❖【光泽】选项栏：可以设置反光物体的表面光洁度。从【杂边】端到【发光】端，光照效果越来越强。

❖【材料】选项栏：用于设置灯光下图像的材质。该项决定反射光的色彩是反射光源的色彩还是反射物体本身的色彩。从【塑料效果】端到【金属质感】端，反射光线颜色也从光源颜色过渡到反射物颜色。

❖【曝光度】选项栏：用于控制照射光线的明暗度。

❖【环境】选项栏：用于设置灯光的扩散效果。单击其右侧的颜色图标，在弹出的【拾色器】对话框中可以设置灯光的颜色。

❖【纹理通道】下拉列表：在下拉列表中可以选择【红】、【绿】和【蓝】3种颜色，用于在图像中添加纹理产生浮雕效果。若选中【无】以外的选项，则【白色部分凸出】复选框变为不可选状态。

❖【高度】选项栏：用于设置图像浮雕效果的深度。其中，纹理的突出部分用白色显示，凹陷部分用黑色显示。从【平滑】端到【凸起】端，浮雕效果将从浅到深。

❖【预览框】：当选择所需的光源样式后，单击预览框中的光源焦点即可确定当前光源。在光源框上按住鼠标并拖动可以调节光源的位置和范围，拖动光源中间的节点可以移动光源的位置。拖动预览框底部的 ✿ 图标到预览框中即可添加新的光源；将预览框中光源的焦点拖动到其下方的 🗑 图标上可以删除该光源。

2. 镜头光晕

【镜头光晕】滤镜能产生类似强光照射在镜头上的光照效果，还可以人工调节光照的位置、强度和范围等。

❖【光晕中心】预览框：使用鼠标在预览框中单击即可确定当前的光照位置，并可以将其移动到不同的位置。

❖【亮度】文本框：用来调节光照的强度和范围。该值越大，光照的强度越强，范围越大。

● 【镜头类型】选项栏：用于设置镜头类型，包括【50-300毫米变焦】、【35毫米聚焦】、【105毫米聚焦】和【电影镜头】4个单选按钮。

3.【纤维】滤镜

【纤维】滤镜可以根据当前的前景色和背景色生成类似纤维的纹理效果。

● 【差异】文本框：用于调整纤维的颜色变化。该值越大，前景色和背景色分离越明显。

● 【强度】文本框：用于设置纤维的密度。该值越大，纤维效果越精细。

● 【随机化】按钮：每次单击该按钮，将随机地产生不同的纤维效果。

4.【云彩】滤镜

【云彩】滤镜可以在图像的前景色和背景色之间随机抽取像素，再将图像转换为柔和的云彩效果。该滤镜无参数设置对话框。

【例10-11】在图像文件中，使用【渲染】和【置换】滤镜制作图像效果。●视频

① 选择菜单栏中的【文件】|【新建】命令，打开【新建】对话框。在对话框中，设置【宽度】数值为640像素，【高度】数值为480像素，分辨率为300像素/英寸，颜色模式为【RGB模式】，背景内容为【白色】。设置完成后，单击【确定】按钮关闭对话框，新建图像文件。

② 选择菜单栏中的【滤镜】|【渲染】|

【云彩】，制作出不规则的黑白云雾图像。每按一次快捷键Ctrl+F都会制作出不同效果的图像，可连续应用滤镜直到出现满意的效果。

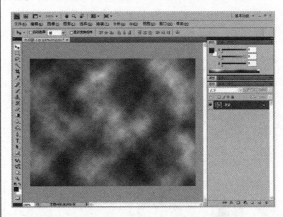

③ 选择菜单栏中的【滤镜】|【像素化】|【马赛克】命令，在打开的【马赛克】对话框中设置单元格大小为64方形，单击【确定】按钮关闭对话框，完成图像马赛克效果。

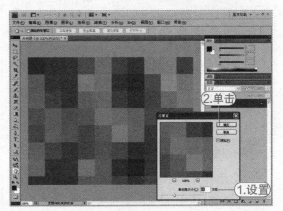

④ 选择菜单栏中的【图像】|【调整】|【色阶】命令，设置【输入色阶】为70、1.05、180，然后单击【确定】按钮。按快捷键Ctrl+Alt+S将马赛克图像另存为"置换.psd"文件。按快捷键Ctrl+J复制马赛克图案的【背景】图层，生成【图层1】。双击【背景】图层将其转换为普通图层，并按快捷键Ctrl+Del用白色填充选中的图层。

⑤ 关闭【图层1】视图。选择【横排文字】工具，单击选项栏中的【居中对齐文本】按钮。单击【切换字符和段落面板】按钮打

开【字符】面板，在【设置字体系列】下拉列表中选择Impact，【设置字符大小】数值为30点，【设置行距】数值为48点，【垂直缩放】数值为200%，然后在【背景】图层上方输入文字PHOTOSHOP。

【水平比例】和【垂直比例】的值均设置为10，单击【确定】按钮。在弹出的【选择一个置换图】对话框中，选择之前保存的"置换.psd"文件，使文字图像变形成不规则状态。

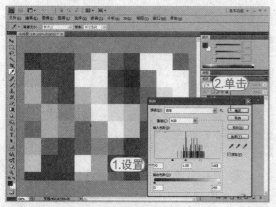

⑧ 在【图层】面板中打开【图层1】视图，并设置图层【混合模式】为【正片叠底】，【不透明度】为55%。

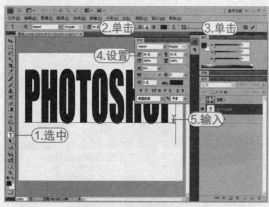

⑥ 选择【移动】工具调整文字位置，并按快捷键Ctrl+E将文字图层与背景图层合并。

⑨ 在【调整】面板中单击【色相/饱和度】按钮，打开设置选项。选中【着色】复选框，设置【色相】数值为360，【饱和度】数值为40。

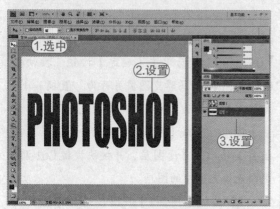

⑦ 选择菜单栏中的【滤镜】|【扭曲】|【置换】命令，打开【置换】对话框，将

10.13 艺术效果滤镜组

艺术效果滤镜组中包含15种滤镜，它们可以模仿自然或传统介质效果，使图像贴近绘画艺术效果。

1.【壁画】滤镜

【壁画】滤镜可以使图像产生类似壁画的效果。

🔹【画笔大小】文本框：用于设置画笔的大小，该值越大，画笔的笔触越大。

🔹【画笔细节】文本框：用于设置画笔刻画图像的细腻程度。该值越大，图像中的色彩层次越细腻。

🔹【纹理】文本框：用于调节效果颜色间过渡的平滑度。该值越大，图像效果越明显。

2.【粗糙蜡笔】滤镜

【粗糙蜡笔】滤镜可以使图像产生类似用蜡笔在纹理背景上绘图的纹理效果。【粗糙蜡笔】滤镜的参数与【底纹效果】滤镜的参数基本相同。

3.【底纹效果】滤镜

【底纹效果】滤镜可以根据所选的纹理类型使图像产生一种纹理效果。

🔹【纹理覆盖】文本框：用于设置笔触的细腻程度。该值越大，图像越模糊。

🔹【纹理】下拉列表：用于选择纹理类型。

🔹【缩放】文本框：用于设置覆盖纹理的缩放比例。该值越大，底纹效果越明显。

🔹【凸现】文本框：用于调整覆盖纹理的深度。该值越大，纹理的深度越明显。

🔹【光照】下拉列表：用于调整灯光照射的方向。

🔹【反相】复选框。

4.【干画笔】滤镜

【干画笔】滤镜可以使图像生成一种干燥笔触绘画的效果，其对话框中的参数与【壁画】滤镜的相同。

5.【海报边缘】滤镜

【海报边缘】滤镜可以在图像中查找出颜色差异较大的区域，并将其边缘填充成黑色，使图像产生海报画效果。

🔹【边缘厚度】文本框：用于调节图像的

黑色边缘的宽度。该值越大,边缘轮廓越宽。

　　【边缘强度】文本框:用于调节图像边缘的明暗程度。该值越大,边缘越黑。

　　【海报化】文本框:用于调节颜色在图像上的渲染效果。该值越大,海报效果越明显。

6.【海绵】滤镜

　　【海绵】滤镜可以使图像产生类似海绵浸湿的图像效果。

　　【清晰度】文本框:用于设置图像的清晰程度。该值越小,图像效果越清晰。

　　【平滑度】文本框:用于设置海绵颜色的清晰程度。

7.【绘画涂抹】滤镜

　　【绘画涂抹】滤镜可以使图像产生类似用手在湿画上涂抹的模糊效果。

　　【锐化程度】文本框:用于设置画笔的锐化程度。该值越大,图像效果越粗糙。

　　【画笔类型】文本框:用于选择画笔的类型。

8.【木刻】滤镜

　　【木刻】滤镜可以为图像制作出类似木刻画的效果。

　　【色阶数】文本框:用于设置图像中色彩的层次。该值越大,图像的色彩层次越丰富。

　　【边缘简化度】文本框:用于设置图像边缘的简化程度。

　　【边缘逼真度】文本框:用于设置产生的痕迹的精确度。该值越小,图像痕迹越明显。

10.14 杂色滤镜组

　　杂色滤镜组中包含5种滤镜,它们可以添加或去除杂色或带有随机分布色阶的像素,创建与众不同的纹理,也可用于去除有问题的区域。

1.【蒙尘与划痕】滤镜

　　【蒙尘与划痕】滤镜主要是通过将图像中有缺陷的像素融入到周围的像素中,达到除尘和去除划痕的目的,常用于对扫描、拍摄图像的中蒙尘和划痕进行处理。

　　【半径】文本框:用于调整清除缺陷的

范围。该值越大，图像中颜色像素之间的融合范围越大。

💠【阈值】文本框：用于确定要进行处理的像素的阈值，该值越大，图像所能容许的杂色就越多，去杂效果越弱。

2.【添加杂色】滤镜

【添加杂色】滤镜可以向图像随机添加混合杂点，即添加一些细小的颗粒状像素，常用于添加杂点纹理效果。

💠【数量】文本框：用于调整杂点的数量。该值越大，效果越明显。

💠【分布】选项栏：用于设置杂点的分布方式。选择【平均分布】单选按钮，则颜色杂点统一平均分布；选择【高斯分布】单选按钮，则颜色杂点按高斯曲线分布。

💠【单色】复选框：用于设置添加的杂点是彩色的还是灰色的。杂点只影响原图像像素的亮度而不改变其颜色。

【例10-12】在图像文件中，使用【蒙尘与划痕】滤镜修饰图像。

⓵ 选择【文件】|【打开】命令，打开一幅图像文件，按快捷键Ctrl+J复制背景图层。

⓶ 选择【滤镜】|【杂色】|【蒙尘与划

痕】命令。在打开的对话框中设置【半径】数值为6像素，【阈值】数值为8色阶，然后单击【确定】按钮应用。

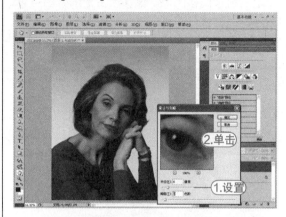

⓷ 在【图层】面板中，设置【图层1】的图层【混合模式】为【滤色】，【不透明度】数值为70%。

10.15 其他滤镜组

其他滤镜组中包含5种滤镜，在它们当中有允许用户自定义滤镜的命令，也有使用滤镜修改蒙版、在图像中使选区发生位移和快速调整颜色的命令。

1.【高反差保留】滤镜

【高反差保留】滤镜可以删除图像中色调变化平缓的部分，而保留色彩变化最大的部分，使图像的阴影消失而亮点突出。其对话框中的【半径】选项用于设定该滤镜分析处理的像素范围。该值越大，效果图中保留的原图像的像素越多。

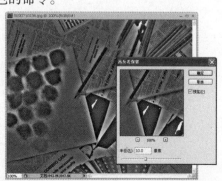

2.【位移】滤镜

【位移】滤镜可根据在【位移】对话框中设定的值来偏移图像。偏移后留下的空白可以用当前的背景色、重复边缘像素或折回边缘像素填充。

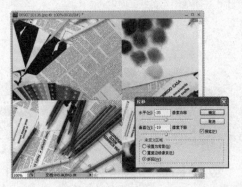

◆【水平】文本框：用于设置图像中的像素在水平方向上移动的距离。该值越大，图像中的像素在水平方向上移动的距离越大。

◆【垂直】文本框：用于设置图像中的像素在垂直方向上移动的距离。该值越大，图像中的像素在垂直方向上移动的距离越大。

◆【未定义区域】栏：提供了【设置为背景】、【重复边缘像素】、【折回】3种填补方式。

3.【最大值】滤镜

【最大值】滤镜用来强化图像中的亮部色调，消减暗部色调。其对话框中的【半径】文本框用于设置图像中亮部区域的范围。

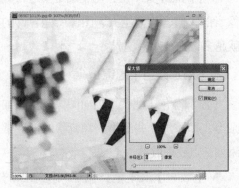

4.【最小值】滤镜

【最小值】滤镜的功能与【最大值】滤镜的功能相反。它用来减弱图像中的亮部色调，其对话框中的【半径】选项用于设置图像暗部区域的范围。

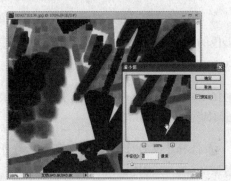

Chapter 11

Photoshop综合实例应用

在学习了Photoshop CS4的各项功能后，本章将通过多个应用实例来串联学过的知识点，提高综合应用能力。

- ■ 制作文字效果
- ■ 制作电脑桌面壁纸
- ■ 制作播放器界面
- ■ 制作折页

 参见随书光盘

例11-1 制作文字效果
例11-2 制作电脑桌面壁纸
例11-3 制作播放器界面
例11-4 制作折页

11.1 制作文字效果

本节中，将使用Photoshop CS4制作文字效果，以重点巩固文字的输入、编辑操作方法，图层样式的运用，路径的创建与编辑。

【例11-1】在Photoshop CS4应用程序中，制作文字效果。●视频+●素材

01 选择【文件】|【新建】命令，打开【新建】对话框。在对话框中，设置【宽度】数值为800像素，【高度】数值为600像素，【分辨率】数值为300像素/英寸，然后单击【确定】按钮创建新文档。

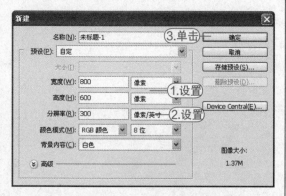

02 选择【工具】面板中的【渐变】工具，单击选项栏中的【线性渐变】按钮，单击渐变预览，打开【渐变编辑器】对话框。

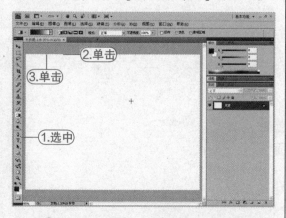

03 在对话框中双击渐变条上的起始色标，打开【拾色器】对话框。在【拾色器】对话框中设置颜色R、G、B=145、180、185，然后单击【确定】按钮应用颜色设置。

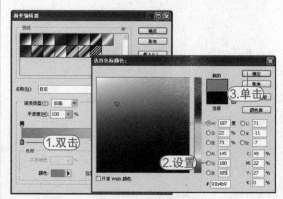

04 双击渐变条上的终点色标，打开【拾色器】对话框。在【拾色器】对话框中设置颜色R、G、B=225、240、240，然后单击【确定】按钮应用颜色设置。单击【确定】按钮关闭【渐变编辑器】对话框。

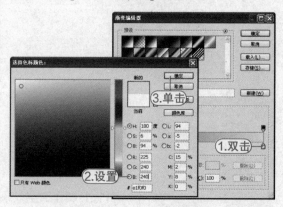

05 使用【渐变】工具，在图像上部单击鼠标并按住向下拖动，然后释放鼠标创建渐变填充。

06 选择【工具】面板中的【钢笔】工具，单击选项栏中的【路径】按钮，在图像中绘制路径，并使用【直接选择】工具调整路径形状。

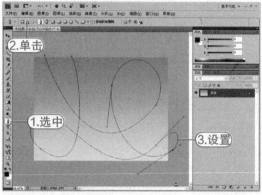

⑦ 单击【工具】面板中的【切换前景色和背景色】按钮，选择【画笔】工具，在选项栏中设置画笔预设为【尖角3像素】。单击【图层】面板中的【创建新图层】按钮，新建【图层1】。

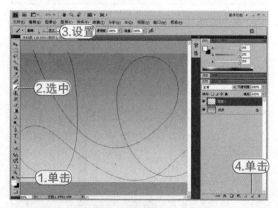

⑧ 选中【路径】面板，单击【用画笔描边路径】按钮，描边路径。

⑨ 在【图层】面板中，双击【图层1】，打开【图层样式】对话框。选中【投影】样式选项，设置【不透明度】数值为

15%，【距离】数值为3像素，【大小】数值为0像素，然后单击【确定】按钮应用样式。

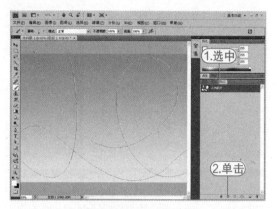

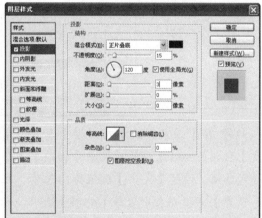

⑩ 选择【工具】面板中的【横排文字】工具，单击选项栏中的【居中对齐文本】按钮。单击【切换字符和段落面板】按钮，打开【字符】面板。在面板的【设置字体系列】下拉列表中选择Arial Black，【设置字体大小】数值为24点，【设置行距】数值为19点。然后在图像中单击并输入文字。输入完成后，选择【移动】工具调整文字位置。

⑪ 双击文字图层，打开【图层样式】对话框。在对话框中选中【渐变叠加】样式选项。单击渐变预览，在打开的【渐变编辑器】对话框中设置渐变样式为R、G、B=32、162、194；43、86、155；204、69、163的渐变，然后单击【确定】按钮关闭【渐变编辑器】对话框。

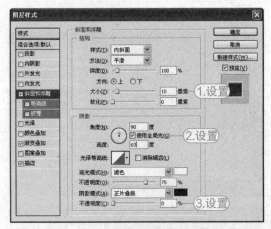

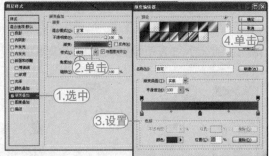

⑭ 选中【等高线】选项，在【等高线】下拉面板中选择【半圆】样式，设置【范围】数值为70%，然后单击【确定】按钮。

⑫ 在【图层样式】对话框中设置【角度】数值为108度，然后选中【描边】图层样式选项。设置【大小】数值为13像素，在【位置】下拉列表中选择【外部】选项，在【填充类型】下拉列表中选择【图案】选项，单击【图案】下拉面板选择一种图案样式，

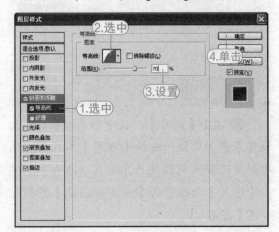

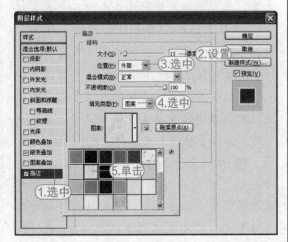

⑮ 选择【自定形状】工具，在选项栏的【形状】下拉面板中选择【五角星】，然后在文字上绘制，并单击【添加到形状区域】按钮。

⑬ 选中【斜面和浮雕】图层样式选项，设置【大小】数值为10像素，阴影【角度】数值为90度，【高度】数值为63度，【阴影模式】的【不透明度】数值为0%。

⑯ 在【图层】面板中设置【形状1】图层

【混合模式】为【叠加】，然后按住Ctrl键再选中【形状1】图层和文字图层，单击【链接图层】按钮。

⑰ 在文字图层上单击右键，在弹出的菜单中选择【栅格化文字】命令。然后按快捷键Ctrl+T键应用【自由变换】命令，配合Ctrl键调整形状。

⑱ 在【图层】面板中，选中【形状1】图层和文字图层，然后单击面板右上角的面板菜单按钮，在弹出的菜单中选择【合并图层】命令。

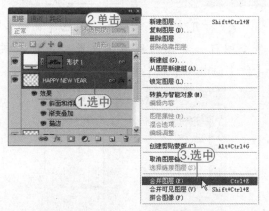

⑲ 双击【形状1】图层，打开【图层样

式】对话框。选中【投影】样式选项，设置【不透明度】数值为10%，【角度】数值为120度，【距离】数值为9像素，【大小】数值为0像素，然后单击【确定】按钮。

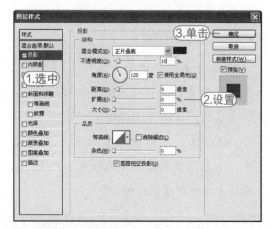

⑳ 选择【自定形状】工具，在选项栏的【形状】下拉面板中选择【五角星】，按住Shift键并在图像中绘制。

㉑ 在【图层】面板中，选中【形状1】图层，右击图层，在弹出的菜单中选择【拷贝图层样式】命令。再选中【形状2】图层，右击图层，在弹出的菜单中选择【粘贴图层样式】命令。

11.2 制作电脑桌面壁纸

在本节中，将使用Photoshop CS4制作电脑桌面壁纸效果，以巩固图像的调整，通道的应用，滤镜效果的应用以及图层样式的运用等操作。

【例11-2】在Photoshop CS4应用程序中，制作电脑桌面壁纸。 ◎视频+ ◎素材

01 选择菜单栏中的【文件】|【新建】命令，打开【新建】对话框。在对话框中，设置【宽度】数值为1024像素，【高度】数值为768像素，【分辨率】数值为72像素/英寸，【颜色模式】为RGB颜色，然后单击【确定】按钮创建新文档。

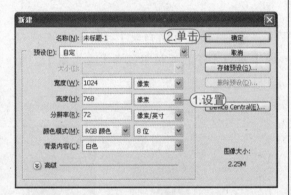

02 选择【文件】|【打开】命令，打开一幅图像文件。按快捷键Ctrl+A将图像画面全选，再按快捷键Ctrl+C拷贝选区内图像。

03 返回新创建的图像文件，按快捷键Ctrl+V粘贴拷贝的图像，按快捷键Ctrl+T键调整图像大小。然后关闭图像素材文件。

04 选择【滤镜】|【锐化】|【USM锐化】命令，打开【USM锐化】对话框。在对话框中，设置【数量】数值为50%，【半径】数量为3像素，然后单击【确定】按钮应用。

05 打开【调整】面板，单击【曲线】命令图标，显示曲线调整设置。分别选中【红】通道和【蓝】通道调整曲线设置。

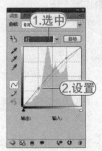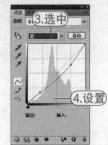

⑥单击【返回到调整列表】按钮，在调整列表中单击【亮度/对比度】命令图标，显示设置选项。设置【亮度】数值为25，【对比度】数值为20。

⑦按快捷键Shift+Ctrl+Alt+E将当前所有图层合并并生成【图层2】。

⑧选择【文件】|【打开】命令，打开一幅图像文件。按快捷键Ctrl+A将图像画面全选，再按快捷键Ctrl+C拷贝选区内图像。

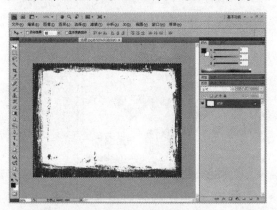

⑨返回正在编辑的图像文件，在【通

道】面板中，单击【创建新通道】按钮，新建Alpha1通道，按快捷键Ctrl+V粘贴剪贴板中的图像，按快捷键Ctrl+T应用【自由变换】命令缩放图像。

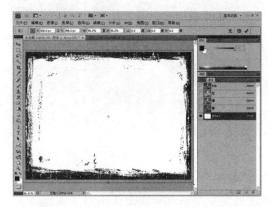

⑩选择【图像】|【调整】|【色阶】命令，打开【色阶】对话框。在对话框中，设置【输入色阶】为55、1.00、255，单击【确定】按钮应用色阶调整。

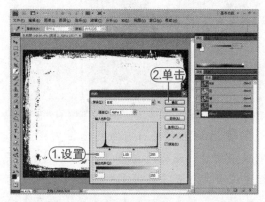

⑪按Ctrl键再单击Alpha1通道载入选区，然后选中RGB复合通道。

⑫返回【图层】面板，单击【创建新图层】按钮新建【图层3】图层。选择【选择】|【反向】命令反选选区，并按快捷键Ctrl+Backspace使用背景色填充选区，然后按

快捷键Ctrl+D取消选区，关闭素材文件。

⑬ 选中【图层2】图层，选择【多边形套索】工具，在选项栏中单击【添加到选区】按钮，然后在图像中随意创建选区。

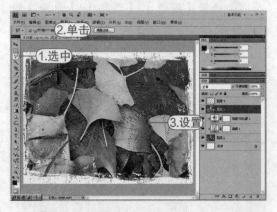

⑭ 按快捷键Ctrl+J拷贝选区内图像并生成新图层。选择【滤镜】|【纹理】|【颗粒】命令，打开【颗粒】对话框。在对话框的【颗粒类型】下拉列表中选择【垂直】选项，设置【强度】数值为100，【对比度】数值为100，然后单击【确定】按钮应用。

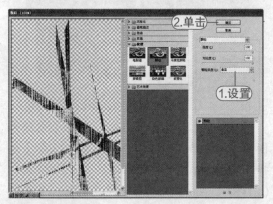

⑮ 在【图层】面板中，将【图层4】的【混合模式】设置为【滤色】，然后单击【添加图层蒙版】按钮添加图层蒙版。

⑯ 选择【画笔】工具，在选项栏中选择画笔为【柔角27像素】样式，【不透明度】数值为20%，然后在图层蒙版中涂抹调整图像效果。

⑰ 选择【文件】|【打开】命令，打开一幅图像文件。选择【多边形套索】工具，在图像中勾选人物部分，并按快捷键Ctrl+C拷贝选区内图像内容。

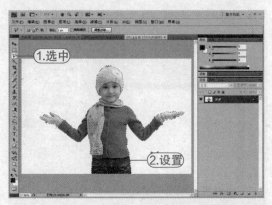

⑱ 返回正在编辑的图像文件中，选中【图层3】图层，按快捷键Ctrl+V粘贴剪贴板

中的图像，按快捷键Ctrl+T应用【自由变换】命令调整图像大小及位置，然后按Enter键应用，关闭素材文件。

⑲ 在【图层】面板中，双击【图层5】，打开【图层样式】对话框。选中【描边】样式，设置【大小】数值为7，设置颜色为白色。

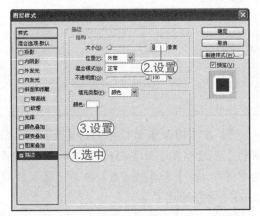

⑳ 选中【投影】样式，在【混合模式】下拉列表中选择【正常】，设置【角度】为135度，【距离】数值为15像素，【大小】数值为10像素，然后单击【确定】按钮。

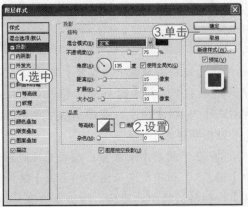

㉑ 选择【钢笔】工具，在选项栏中单击【路径】按钮，然后在图像中创建路径。

㉒ 选择【横排文字】工具，在选项栏的【设置系列】下拉列表中选择【方正粗宋简体】，【设置字体大小】数值为72点，【设置颜色】为RGB=33、179、204，然后在路径上单击并输入文字。

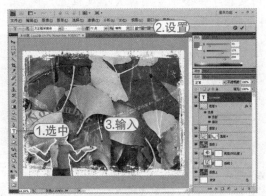

㉓ 在【图层】面板中，右击【图层5】，在弹出的菜单中选择【拷贝图层样式】命令。右击文字图层，在弹出的菜单中选择【粘贴图层样式】命令。

㉔ 选择【文件】|【打开】命令，打开一幅图像文件。选择【多边形套索】工具，在图像中勾选人物部分，并按快捷键Ctrl+C拷贝选区内图像内容。

㉕ 返回正在编辑的图像文件，按快捷键Ctrl+V粘贴图像，再按快捷键Ctrl+T应用【自由变换】命令调整图像大小及位置，然后按Enter键应用。

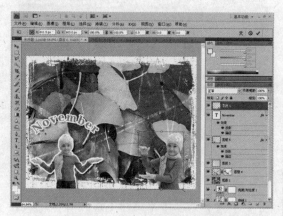

㉖ 选择【工具】面板中的【圆角矩形】工具，在选项栏中设置【半径】数值为10px，单击【颜色】图标，在打开的【拾色器】对话框中设置颜色为白色，然后在图像中绘制圆角矩形。

㉗ 双击【形状1】图层，打开【图层样式】对话框。在对话框中，选中【外发光】样式，在【混合模式】下拉列表中选择【正常】，设置【不透明度】数值为20%，单击【设置发光颜色】色板，在弹出的【拾色器】对话框中设置颜色为黑色，然后单击【确定】按钮。

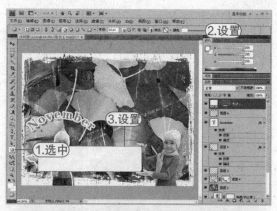

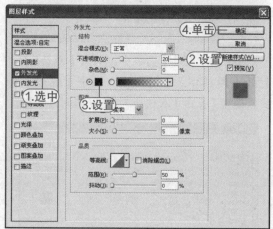

㉘ 在【图层】面板中，将【形状1】图层的【不透明度】设置为65%。按住Ctrl键再选中【形状1】和【图层6】图层，按快捷键Ctrl+E合并选中图层。

㉙ 【图层】面板中，右击【图层5】，在弹出的菜单中选择【拷贝图层样式】命令。再右击【形状1】图层，在弹出的菜单中选择【粘贴图层样式】命令。

㉚ 在【图层】面板中，按住Ctrl键再选中【图层5】和英文字母图层，单击【链接图层】按钮链接选中的图层。按快捷键Ctrl+T应

用【自由变换】命令调整图像大小及位置。调整完成后按Enter键应用。

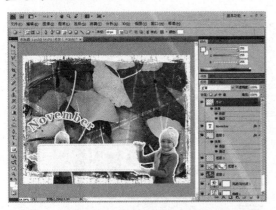

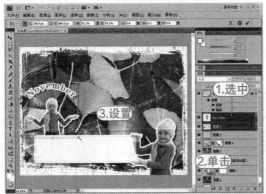

㉛ 选中【形状1】图层，选择【横排文字】工具，设置选项栏的【设置字体大小】数值为18点，字体颜色为RGB=33、179、204，然后在图像中单击并输入文字内容，使用【移动】工具调整输入文字的位置。

㉜ 选择【横排文字】工具，使用工具在图像中输入文字并全选。单击选项栏中的【切换字符和段落面板】按钮打开【字符】面板，

【设置字体大小】数值为14点，【设置所选字符的字距调整】数值为500，然后使用【移动】工具调整位置。

㉝ 双击数值日期文字图层，打开【图层样式】对话框。在对话框中，选中【投影】样式，设置【不透明度】数值为55%，【距离】数值为2像素，【大小】数值为0像素，然后单击【确定】按钮应用。

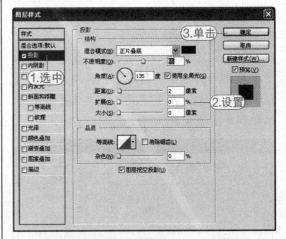

㉞ 右击数值日期文字图层，在弹出的菜单中选择【拷贝图层样式】命令。接着右击中文日期文字图层，在弹出的菜单中选择【粘贴图层样式】命令。

㉟ 选中【形状1】图层，在【图层】面板中单击【创建新图层】按钮新建图层。选择【矩形选框】工具，在图像中拖动创建选区，在【颜色】面板中设置RGB=232、64、36，接着按快捷键Alt+Backspace填充选区。

层】面板中，设置【图层6】图层的【不透明度】数值为25%。

㊱ 按快捷键Ctrl+Alt键复制并移动选区内容，然后按Ctrl+D快捷键取消选区。在【图

11.3 制作播放器界面

本节通过使用Photoshop CS4制作播放器界面效果，重点练习形状图层的创建与各种图层样式的应用操作方法。

【例11-3】在Photoshop CS4应用程序中，制作播放器界面。 ◎视频+◎素材

⓵ 选择【文件】|【新建】命令，在打开的【新建】对话框的【名称】文本框中输入"播放器界面"，设置【宽度】和【高度】数值均为800像素，【分辨率】数值为150像素/英寸，设置完成后，单击【确定】按钮创建图像文件。

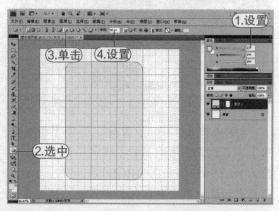

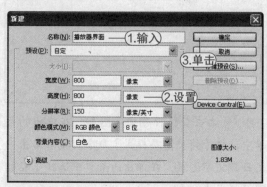

⓶ 按快捷键Ctrl+'键显示网格，在【颜色】面板中设置前景色RGB=237、244、254。选择【工具】面板中的【圆角矩形】工具，在选项栏中单击【形状图层】按钮，设置【半径】为50px，然后在图像文件中创建圆角矩形。

⓷ 在【图层】面板中单击【添加图层样式】按钮，在弹出的菜单中选择【斜面和浮雕】命令。在打开的【图层样式】对话框中，设置【深度】数值为93%，【大小】数值为87像素，【软化】数值为16像素。在【阴影】选项区域中，设置【角度】为135度，【高度】为37度，在【光泽等高线】下拉列表选择【内凹-浅】样式，设置【高光模式】为【滤色】，【不透明度】为20%。单击【阴影模式】颜色图标，在打开的【拾色器】对话框中设置颜色RGB=122、122、122，然后单击【确定】按钮应用。设置【阴影模式】为【排除】，【不透明度】为58%。

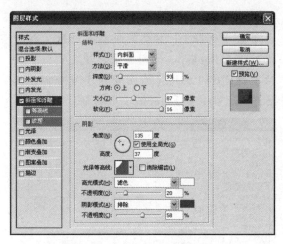

建一个矩形选区，并按快捷键Alt+Backspace
填充选区。

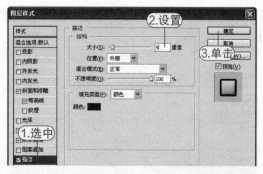

04 单击选中【等高线】样式，在【等
高线】下拉列表中选择【半圆】样式，设置
范围为70%。

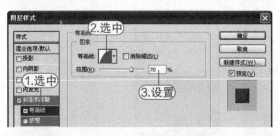

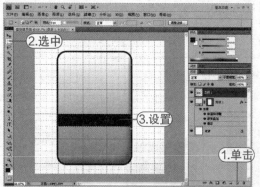

05 单击选中【渐变叠加】样式，单击
渐变预览，在打开的【渐变编辑器】中设置
渐变样式为颜色RGB=163、163、163至白色
的渐变。

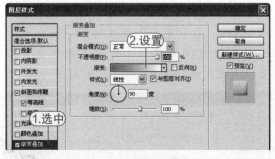

08 单击【图层】面板中的【添加图层
样式】按钮，在弹出的菜单中选择【渐变叠
加】命令，在打开的【图层样式】对话框中
设置渐变样式为黑色至RGB=120、120、120
的渐变。

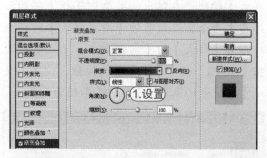

06 单击选中【描边】样式，设置【大
小】数值为9像素，颜色为黑色，单击【确
定】按钮应用。

07 在【图层】面板中单击【创建新图
层】按钮，创建【图层1】图层。按D键将前
景色恢复为默认设置。选择【工具】面板中
的【矩形选框】工具，然后在图像文件中创

09 单击选择【斜面和浮雕】样式，设
置【样式】为【外斜面】，【深度】数值
为100%，选中【下】单选按钮，设置【软
化】数值为4像素；然后单击【确定】按钮
应用，并按快捷键Ctrl+D取消选区。

10 选择【工具】面板中的【圆角矩
形】工具，在选项栏中设置【半径】为

20px，在【样式】下拉列表中选择【无】，然后在图像文件中绘制圆角矩形。

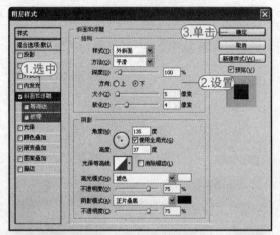

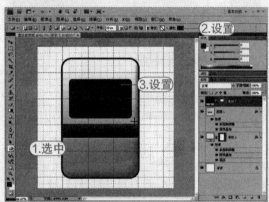

⑪ 单击【图层】面板中的【添加图层样式】按钮，在弹出的菜单中选择【斜面和浮雕】命令，在打开的【图层样式】对话框中设置【样式】为【内斜面】，【深度】数值为184%，选中【下】单选按钮，设置【大小】数值为10像素，【软化】数值为0像素。

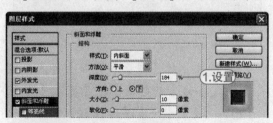

⑫ 单击选中【外发光】图层样式，设置【大小】数值为27像素，设置完成后单击【确定】按钮应用设置。

⑬ 在【图层】面板中单击【创建新图层】按钮，创建【图层2】图层，按住Ctrl键再单击【形状2】图层蒙版载入选区，按快捷键Ctrl+Backspce使用背景色填充选区，按快捷键Ctrl+T应用【自由变换】命令调整选区图像大小，按Enter键应用调整。

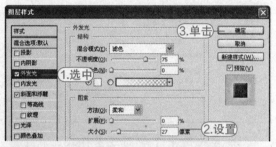

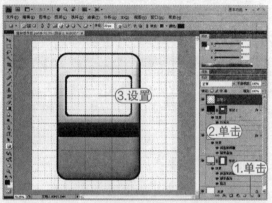

⑭ 单击【图层】面板中的【添加图层样式】按钮，在弹出的菜单中选择【斜面和浮雕】命令，在打开的【图层样式】对话框中设置【样式】为【内斜面】，【深度】数值为184%，选中【下】单选按钮，设置【大小】数值为10像素，【软化】数值为0像素，设置完成后单击【确定】按钮应用。

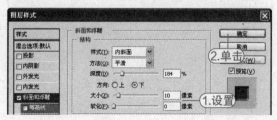

⑮ 在【图层】面板中单击【创建新图层】按钮，创建【图层3】图层。选择【选择】|【修改】|【收缩】命令，在打开的【收缩选区】对话框中，设置【收缩量】数值为10像素，然后单击【确定】按钮。

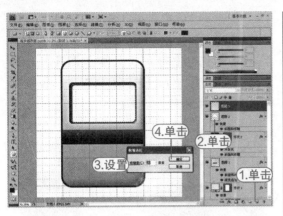

⑯ 按快捷键Alt+Backspace使用前景色填充选区。单击【图层】面板中的【添加图层样式】按钮，在弹出的菜单中选择【渐变叠加】命令，在打开的图层样式对话框中设置渐变样式为黑色至RGB=96、96、96的渐变。

⑰ 单击选中【斜面和浮雕】图层样式，设置【样式】为【内斜面】，【深度】数值为100%，选中【上】单选按钮，设置【大小】数值为4像素，【软化】数值为9像素。

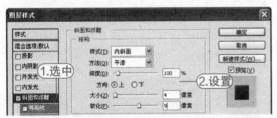

⑱ 单击选中【投影】图层样式，设置【混合模式】为【正片叠底】，【不透明度】数值为66%，【角度】数值为135度，【距离】数值为1像素，【扩展】数值为0%，【大小】数值为2像素，设置完成后单击【确定】按钮应用设置，并按快捷键

Ctrl+D取消选区。

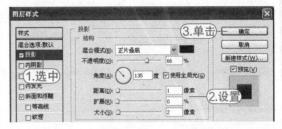

⑲ 按X键切换前景色和背景色，选择【工具】面板中的【圆角矩形】工具，在选项栏中设置【样式】为【无】，然后在图像文件中拖动绘制圆角矩形，并自动生成【形状3】图层。

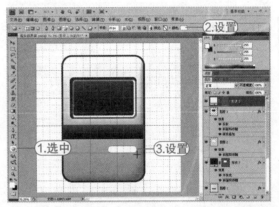

⑳ 单击【图层】面板中的【添加图层样式】按钮，在弹出的菜单中选择【斜面和浮雕】命令，在打开的【图层样式】对话框中设置【样式】为【外斜面】，选中【下】单选按钮，设置【大小】数值为9像素，【软化】数值为0像素；阴影【角度】数值为120度，【高度】为30度，【阴影模式】为【正片叠底】，【不透明度】数值为40%，设置完成后单击【确定】按钮应用。

㉑ 在【图层】面板中单击【创建新图层】按钮，创建【图层4】图层。按住Ctrl键再单击【形状3】图层，载入选区。选择【选择】|【修改】|【收缩】命令，在打开的【收缩选区】对话框中设置收缩量为5像素，单击【确定】按钮应用设置。

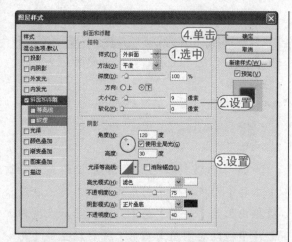

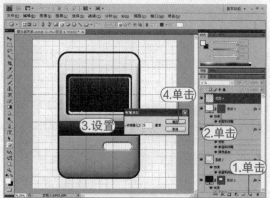

㉒ 选择【工具】面板中的【渐变】工具，在选项栏中单击渐变预览，在打开的【渐变编辑器】对话框中，设置渐变样式为RGB=120、120、120到黑色的渐变。按住Shift键，在选区中拖动鼠标从上往下填充渐变，按快捷键Ctrl+D取消选区。在【图层】面板中，按住Ctrl键再单击选中【图层4】和【形状3】图层，单击【链接图层】按钮，链接选中图层。

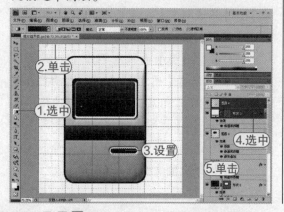

㉓ 将【图层4】和【形状3】图层拖动至【创建新图层】按钮上释放，创建【图层4副本】和【形状3副本】图层。选择【工具】面板中的【移动】工具，再按住Shift键移动图层副本位置。

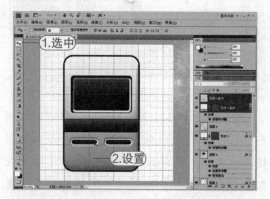

㉔ 使用步骤（23）的操作方法，制作其他相同按钮。

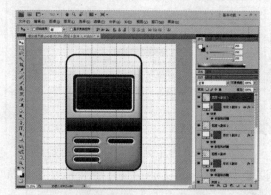

㉕ 按X键切换前景色和背景色。选择【工具】面板中的【椭圆】工具，在选项栏的【样式】下拉列表中选择【无】，然后在图像文件中拖动绘制圆形，系统自动生成【形状4】图层。

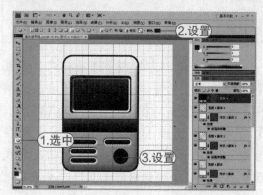

㉖ 单击【图层】面板中的【添加图层样式】按钮，在弹出的菜单中选择【斜面和浮雕】命令，在打开的【图层样式】对话框中设置样式为【内斜面】，【深度】数值为32%，选中【上】单选按钮，设置【大小】数值为6像素，在【光泽等高线】下拉面板中选择【环形–双】，设置【阴影模式】为【正片叠底】，【不透明度】数值为50%。

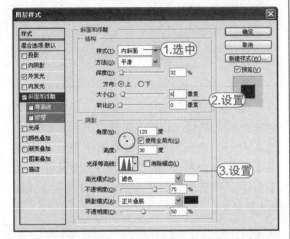

㉗ 单击选中【外发光】图层样式，设置【混合模式】为【滤色】，【不透明度】数值为12%，【颜色】为白色，【方法】为【柔和】，【扩展】数值为0%，【大小】数值为7像素，在【等高线】下拉面板中选择【半圆】。设置完成后单击【确定】按钮应用。

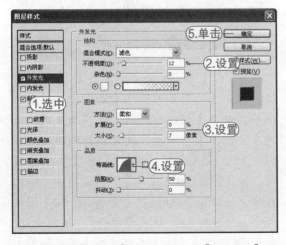

㉘ 在【图层】面板中，将【形状4】图层拖动到【创建新图层】按钮上释放，创建【形状4副本】图层，按快捷键Ctrl+T应用

【自由变换】命令，并按快捷键Shift+Alt调整【形状4副本】图层大小，然后按Enter键应用。

㉙ 在【图层】面板中，将【形状4副本】图层拖动至【创建新图层】按钮上释放，创建【形状4副本2】图层。在【图层】面板中，双击【斜面和浮雕】样式名称，打开【图层样式】对话框。取消选中【外发光】图层样式。选择【斜面和浮雕】样式，设置样式为【内斜面】，【深度】数值为100%，选中【上】单选按钮，【大小】数值为5像素，【软化】数值为0像素，在【光泽等高线】下拉面板中选择【线性】，设置阴影【角度】为120度，【高度】为30度，【阴影模式】为【正片叠底】，【不透明度】为75%。

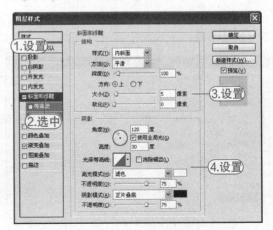

㉚ 单击选中【渐变叠加】图层样式，设置渐变样式为黑色到白色的渐变，【角度】为106度。设置完成后单击【确定】按钮应用。

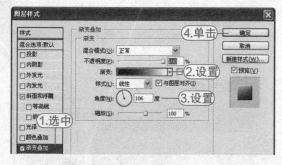

度】为42%。设置完成后单击【确定】按钮。

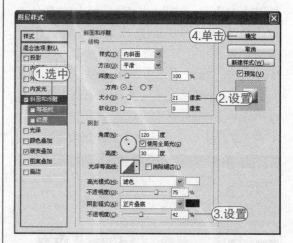

③1 按快捷键Crtl+T应用【自由变换】命令，并按快捷键Shift+Alt调整【形状4副本2】图层大小，然后按Enter键应用调整。在【图层】面板中，将【形状4副本2】图层拖动至【创建新图层】按钮上释放，创建【形状4副本3】图层。

③2 在【图层】面板中，双击【渐变叠加】样式名称，打开【图层样式】对话框。设置渐变样式为浅灰到白色的渐变，【角度】为106度，【缩放】数值为86%。

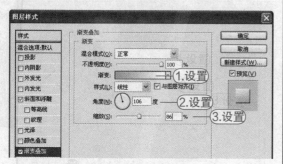

③3 单击选中【斜面和浮雕】样式，设置样式为【内斜面】，【深度】数值为100%，选中【上】单选按钮，设置【大小】为21像素，【阴影模式】为【正片叠底】，【不透明

③4 按快捷键Crtl+T应用【自由变换】命令，并按快捷键Shift+Alt调整【形状4副本3】图层大小，然后按Enter键应用调整。在【图层】面板中，将【形状4副本3】图层拖动至【创建新图层】按钮上释放，创建【形状4副本4】图层。

③5 在【形状4副本4】图层上单击右键，在弹出的菜单中选择【清除图层样式】命令。双击【形状4副本4】图层缩览图，打开【拾色器】对话框，设置颜色RGB=231、31、25，设置完成后单击【确定】按钮应用。按快捷键Crtl+T应用【自由变换】命令，并按快捷键Shift+Alt调整【形状4副本4】图层大小，然后按Enter键应用调整。

③6 选择【工具】面板中的【圆角矩形】工具，在选项栏中设置【半径】为5px，然后在图像文件中拖动绘制圆角矩形，系统自动

生成【形状5】图层。再单击选项栏中的【颜色】色板，在弹出的【拾色器】对话框中将颜色设置为白色。在【图层】面板中，设置【形状5】图层的【不透明度】为7%。

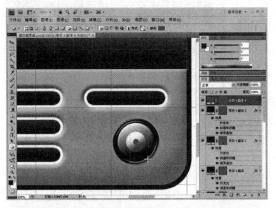

❸❼ 继续使用【圆角矩形】工具在图像文件中创建圆角矩形，系统自动生成【形状6】图层。在选项栏的【样式】下拉列表中选择【无】选项。

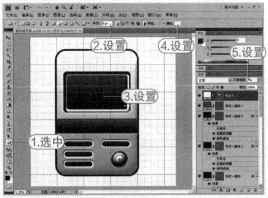

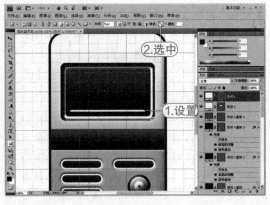

❸❽ 单击【图层】面板中的【添加图层样式】按钮，在弹出的菜单中选择【斜面和浮雕】命令，打开【图层样式】对话框。在对话框中设置【样式】为【内斜面】，方法为【雕刻柔和】，【深度】数值为776%，选中【下】单选按钮，设置【大小】数值为3像素，【软化】数值为0像素，【高光模式】为【滤色】，【不透明度】为37%，【阴影模式】为【正片叠底】，【不透明度】为22%。设置完成后单击【确定】按钮应用。在【图层】面板中，设置【形状6】的图层【混合模式】为【正片叠底】。

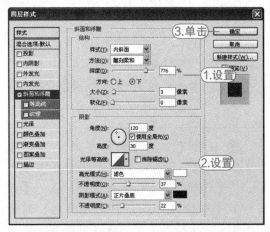

❸❾ 继续使用【圆角矩形】工具在图像文件中创建圆角矩形，系统自动生成【形状7】图层。在选项栏中取消样式。

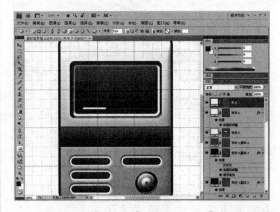

❹⓿ 单击【图层】面板中的【添加图层样式】按钮，在弹出的菜单中选择【斜面和浮雕】命令，打开【图层样式】对话框。在对话框中设置样式为【内斜面】，【方法】为【平滑】，【深度】数值为184%，选中【下】单选按钮，设置【大小】数值为10像

素，【软化】为0像素；阴影【角度】为120
度，【高度】为30度，【高光模式】为【滤
色】，【不透明度】为75%，【阴影模式】
为【正片叠底】，【不透明度】为37%。设
置完成后单击【确定】按钮应用。

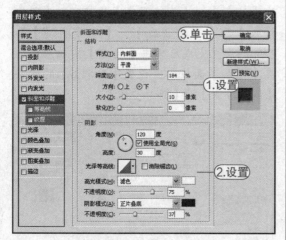

41 选择【工具】面板中的【横排文
字】工具，在【字符】面板中设置字体为
Arial，【设置字体大小】数值为10点，【设
置行距】数值为10点，颜色为白色。然后
在图像文件中输入文字。输入完成后，选择
【移动】工具调整文字位置。

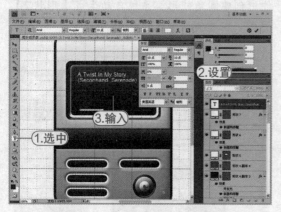

42 再次选择【横排文字】工具，在
【字符】面板中【设置字体系列】为Arial
Black，【设置字体大小】为24点，然后输
入文字并选择【移动】工具调整文本位置。

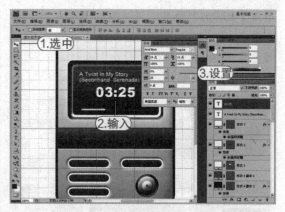

43 在【图层】面板中选中【图层4】图
层，使用【横排文字】工具在图像文件中输
入文字并选中。在【字符】面板中【设置字
体系列】为Arial Black，【设置字体大小】为
12点，【垂直缩放】数值为80%，【水平缩
放】数值为120%，并使用【移动】工具调整
文本位置。

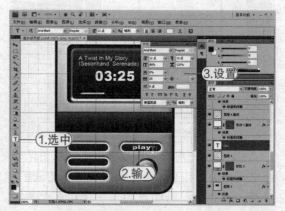

44 在【图层】面板中，分别选中【图
层4副本】、【图层4副本2】、【图层4副本
3】，使用与步骤（43）相同的设置在图像文
件中输入文字，并调整位置。

45 在【图层】面板中单击选中【形状
7】图层，选择【横排文字】工具，在【字
符】面板中【设置字体系列】为Arial Black，
【设置字体大小】数值为14点，【垂直缩
放】数值为150%，【水平缩放】数值为
120%，单击【仿粗体】按钮，设置颜色黑
色，然后在图像文件中输入文字内容，并使
用【移动】工具调整文本位置。

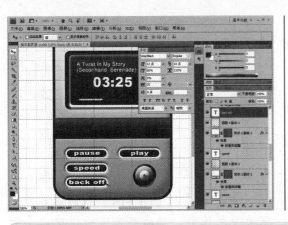
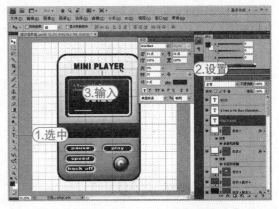

11.4　制作折页

本节将通过使用Photoshop CS 4制作折页封面，巩固使用路径工具绘制图形、创建形状图层、图像的调整和图层样式的应用、文字工具在图像中的输入与编排的操作方法。

【例11-4】在Photoshop CS 4应用程序中，制作折页封面。◎视频 + ◎素材

01　选择【文件】|【新建】命令，在打开的【新建】对话框的【名称】文本框中输入"折页"，设置【宽度】数值为426毫米，【高度】数值为303毫米，【分辨率】数值为300像素/英寸，【颜色模式】为【CMYK颜色】。设置完成后，单击【确定】按钮创建新文档。

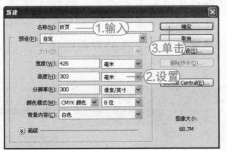

02　选择【编辑】|【首选项】|【参考线、网格和切片】命令，打开【首选项】对话框。在参考线的【颜色】下拉列表中选择【浅红色】选项，单击【确定】按钮更改参考线颜色。

03　选择【视图】|【新建参考线】命令，打开【新建参考线】对话框。在对话框中，选中【垂直】单选按钮，在【位置】

文本输入框中输入0.3厘米，然后单击【确定】按钮创建参考线。使用相同的操作，分别在垂直方向21.3厘米和42.3厘米处再创建两条垂直参考线。

04　选择【视图】|【新建参考线】命令，打开【新建参考线】对话框。在对话框中，选中【水平】单选按钮后，在0.3厘米和30厘米处创建两条水平参考线。

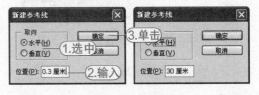

05　选择【视图】|【锁定参考线】命令锁定参考线。选择【钢笔】工具，在【颜色】面板中设置CMYK=17、0、80、0，在选项栏中单击【形状图层】按钮，然后在图像

文件中绘制图形。

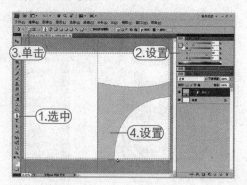

06 再次选择【钢笔】工具，单击选项栏中的【颜色】色板，在弹出的对话框中将颜色设置为CMYK=7、0、36、0，然后单击【确定】按钮应用。

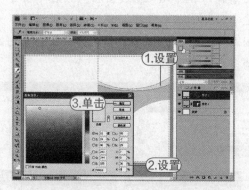

07 单击选项栏中的【添加到形状区域】按钮，使用【钢笔】工具的当前设置绘制图形。

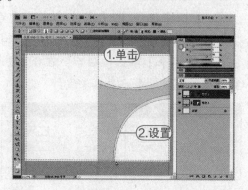

08 在选项栏中单击【创建新的形状图层】按钮，在【颜色】面板中设置CMYK=18、10、0、0，然后使用【钢笔】工具在图像文件中绘制图形。

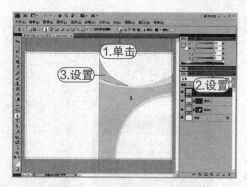

09 选择【矩形】工具，在图像文件中拖动绘制矩形。然后单击选项栏中的【颜色】色板，在弹出的对话框中将颜色设置为CMYK=17、0、80、0，单击【确定】按钮应用。

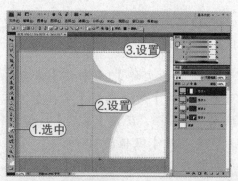

10 按快捷键Shift+Ctrl+Alt+E将当前所有操作效果合并到新图层中。选择【魔棒】工具，在选项栏中设置【容差】数值为30，然后在图像文件右下角的白色区域单击创建选区。

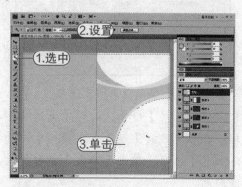

11 选择【文件】|【打开】命令，打开风景素材文件。按快捷键Ctrl+A将图像文件全选，按快捷键Ctrl+C拷贝图像内容。

⑫ 返回正在编辑的图像文件，选择【编辑】|【贴入】命令，将图像贴入到文件中，并按快捷键Ctrl+T应用【自由变换】命令调整图像的大小。按住Ctrl键再单击【图层2】图层蒙版，载入选区。

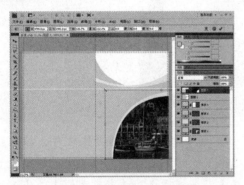

⑬ 打开【调整】面板，在调整列表中单击【亮度/对比度】命令图标，在【亮度/对比度】设置选项中，设置【亮度】数值为100，【对比度】数值为20。

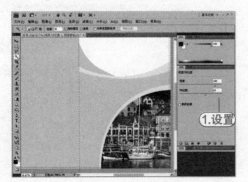

⑭ 在【图层】面板中按住Ctrl键再单击【图层2】图层蒙版再次载入选区。单击【返回到调整列表】按钮，在调整列表中单击【照片滤镜】命令图标。在【滤镜】下拉

列表中选择【深黄】，设置【浓度】数值为60%。

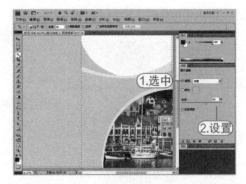

⑮ 选择打开一幅素材图像，使用【魔棒】工具在图像的天空区域单击，并选择【选择】|【选取相似】命令。

⑯ 按快捷键Ctrl+Shift+I反选图像，再按快捷键Ctrl+C拷贝图像。返回正在编辑的图像文件，按快捷键Ctrl+V粘贴。然后在【图层】面板中设置图层【混合模式】为【颜色加深】，【不透明度】数值为35%，按快捷键Ctrl+T应用【自由变换】命令调整图像大小及位置。

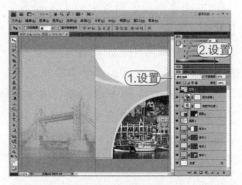

⑰ 选择打开一幅素材图像，使用【魔

棒】工具在图像的天空区域单击，并选择
【选择】|【选取相似】命令。

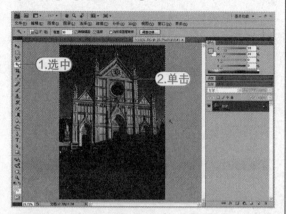

⓲ 按快捷键Ctrl+Shift+I反选图像，再按
快捷键Ctrl+C拷贝图像。返回正在编辑的图
像文件，按快捷键Ctrl+V粘贴。然后在【图
层】面板中设置图层【混合模式】为【颜色
加深】，【不透明度】数值为20%，按快捷
键Ctrl+T应用【自由变换】命令调整图像大
小及位置。

⓳ 单击【图层】面板中的【添加图层蒙
版】按钮，选择【画笔】工具，在选项栏中
选择一种柔角画笔样式，设置【不透明度】
数值为20%，然后在图层蒙版中涂抹。

⓴ 选择打开一幅素材图像，使用【魔
棒】工具在图像的背景区域单击，按快捷键
Ctrl+Shift+I反选图像，并按快捷键Ctrl+C拷贝
图像。

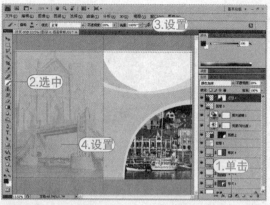

㉑ 返回正在编辑的图像文件，按快捷
键Ctrl+V粘贴。然后在【图层】面板中设置
图层【混合模式】为【颜色加深】，【不透
明度】数值为35%，按快捷键Ctrl+T键应用
【自由变换】命令调整图像大小及位置。

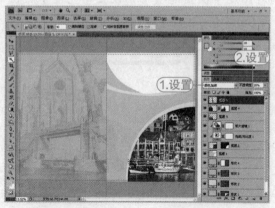

㉒ 单击【图层】面板中的【添加图层蒙
版】按钮，选择【画笔】工具，然后在图层
蒙版中涂抹。

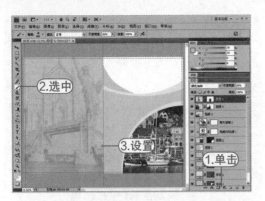

㉓ 选择【横排文字】工具，单击选项栏中的【切换字符和段落面板】按钮，打开【字符】面板。在【设置字体系列】下拉列表中选择【方正超粗黑体简】，设置【设置字体大小】数值为48点。单击【颜色】色板，在打开的【拾色器】对话框中设置颜色CMYK=68、44、0、0。然后图像文件中单击并输入文字内容。

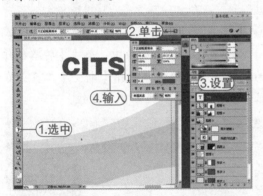

㉔ 在【图层】面板中，右击文字图层，在弹出的菜单中选择【栅格化文字】命令，然后选择【编辑】|【变换】|【斜切】命令调整文字。

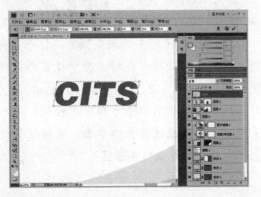

㉕ 选择【钢笔】工具，在【颜色】面板中设置颜色为CMYK=0、85、85、0，然后在图像文件中绘制，并结合【直接选择】工具调整图形。

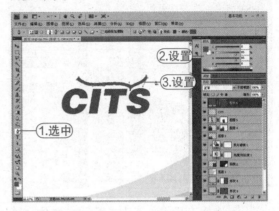

㉖ 在【图层】面板中，选中【形状5】和文字图层，按快捷键Ctrl+E合并图层。

㉗ 双击【形状5】图层，打开【图层样式】对话框。在对话框中，选中【投影】样式选项，设置【不透明度】数值为55%，【大小】数值为13像素，然后单击【确定】按钮应用。

㉘ 选择【横排文字】工具，在文件中单击并输入文字内容。选中文字内容，在选项栏中单击【切换字符和段落面板】按钮，打开【字符】面板。在【设置字体系列】下拉列表中选择Arial，【设置字体大小】数值为14点，【设置所选字符的字距调整】数值

为-50。单击【颜色】色板，在弹出的【拾色器】对话框中设置颜色CMYK=68、44、0、0，并选择【移动】工具调整文字位置。

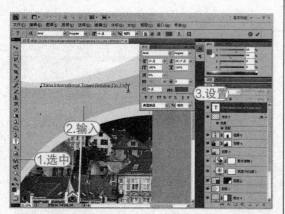

㉙ 选择【横排文字】工具，在文件中单击并输入文字内容。选中文字内容，在面板的【设置字体系列】下拉列表中选择黑体，【设置所选字符的字距调整】数值为0，并选择【移动】工具调整文字位置。

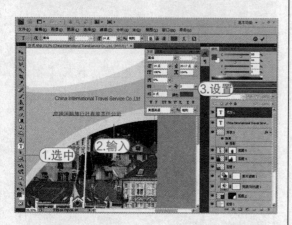

㉚ 在【图层】面板，按住Ctrl键再选中两个文字图层，然后单击选项栏中的【右对齐】按钮。

㉛ 在【图层】面板中，单击【创建新图层】按钮新建【图层6】。选择【圆角矩形】工具，在选项栏中单击【路径】按钮，设置【半径】数值为60px，然后在图像中创建路径。

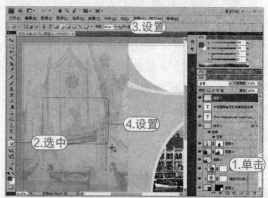

㉜ 在【路径】面板中，单击【将路径作为选区载入】按钮。选择【渐变】工具，在选项栏中单击【线性渐变】按钮。

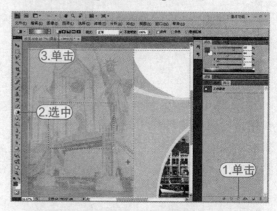

㉝ 单击选项栏中的渐变预览，打开【渐变编辑器】对话框。在对话框中设置渐变样式为CMYK=16、12、12、0到CMYK=0、0、0、0的渐变，然后单击【确定】按钮。使用【渐变】工具在选区上部单击，并按住鼠标向下拖动使用渐变填充选区。

㉞ 保持选区，在【图层】面板中，单击【创建新图层】按钮新建【图层7】。选择【矩形选框】工具，在选项栏中单击【从选区减去】按钮，然后在图像中创建选区。

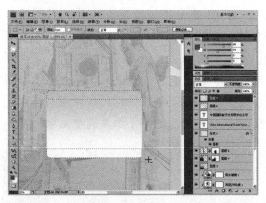

㉟ 在【颜色】面板中，设置前景色为CMYK=72、64、61、16，然后按快捷键Alt+Backspace使用前景色填充选区，再按快捷键Ctrl+D取消选区。

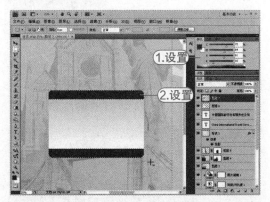

㊱ 选中【多边形】工具，在选项栏中设置【边】数值为35，单击▼按钮，在打开的下拉面板中，选中【星形】复选框，设置【缩进边依据】数值为70%。在【图层】面板中选中【图层6】，再使用【多边形】工具在图像中

创建路径。

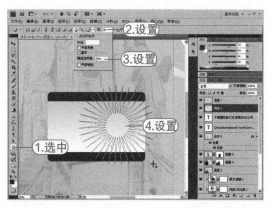

㊲ 在【路径】面板中，单击【将路径作为选区载入】按钮。保持选区，在【图层7】面板中，单击【创建新图层】按钮新建【图层8】。按快捷键Shift+Ctrl+Alt再单击【图层6】图层缩览图，按快捷键Ctrl+Backspace填充选区。

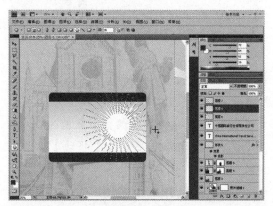

㊳ 按快捷键Ctrl+D取消选区。双击【图层6】图层，打开【图层样式】对话框。在对话框中，选中【投影】样式选项，设置【距离】数值为4像素，【大小】数值为40像素，然后单击【确定】按钮应用。

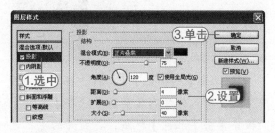

㊴ 选中【图层7】，选择【横排文字】

工具，在图像文件中单击并输入文字内容后选中。在【字符】面板的【设置字体系列】下拉列表中选择【方正超粗黑体简】，【设置字体大小】数值为18点，【设置所选字符的字距调整】数值为100。单击【颜色】色板，在弹出的【拾色器】对话框中设置颜色CMYK=0、0、0、0，并选择【移动】工具调整文字位置。

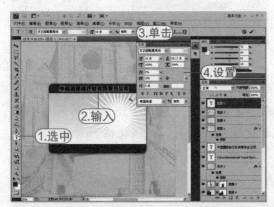

40 选择【横排文字】工具，在图像文件中单击并输入文字内容后选中。然后在【字符】面板的【设置字体系列】下拉列表中选择Arial，【设置字体大小】数值为14点，【设置所选字符的字距调整】数值为0，单击【仿粗体】按钮，并选择【移动】工具调整文字位置。

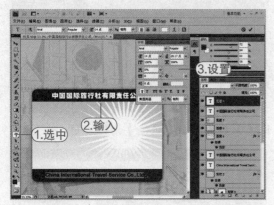

41 选择【横排文字】工具，在图像文件中单击并输入文字内容后选中。在【字符】面板中单击【颜色】色板，在打开的【拾色器】对话框中设置颜色CMYK=72、64、61、

16，然后选择【移动】工具调整文字位置。

42 选择【横排文字】工具，在图像文件中单击并输入文字内容后选中。然后在【字符】面板的【设置字体系列】下拉列表中选择【黑体】，【设置字体大小】数值为12点，【设置所选字符的字距调整】数值为-75，并选择【移动】工具调整文字位置。

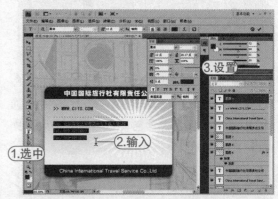

43 选择【文件】|【打开】命令，选择打开人物素材文件。按快捷键Ctrl+A将图像文件全选，再按快捷键Ctrl+C拷贝图像内容。

㊹ 返回正在编辑的图像文件，选择【编辑】|【粘贴】命令，将图像贴入到文件中，并按快捷键Ctrl+T应用【自由变换】命令调整图像的大小。

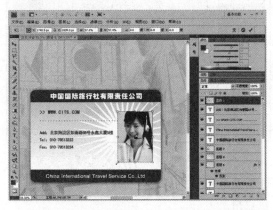

㊺ 双击【图层9】，打开【图层样式】对话框。在对话框中选中【投影】样式选项，设置【不透明度】数值为60%，【大小】数值为30像素，然后单击【确定】按钮应用。

㊻ 选择【圆角矩形】工具，在选项栏中单击【形状图层】按钮，设置【半径】数值为15，然后在图像中绘制图形。

㊼ 双击【形状6】图层，打开【图层样式】对话框。在对话框中选中【渐变叠加】样式选项，单击【渐变】预览，在打开的【渐变编辑器】对话框中，设置渐变为CMYK=28、16、17、0到CMYK=0、0、0、0的渐变。

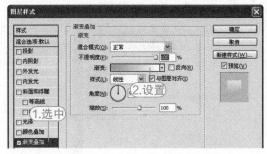

㊽ 选中【斜面和浮雕】样式选项，设置【高光模式】的【不透明度】数值为100%。单击【阴影模式】的【颜色】色板，在弹出的【拾色器】对话框中，设置颜色CMYK=38、19、22、0。

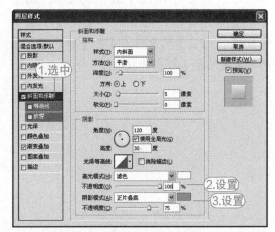

㊾ 选中【投影】样式选项，设置【不透明度】数值为45%，【距离】数值为7像素，【大小】数值为24像素，然后单击【确定】按钮应用。

㊿ 选择【横排文字】工具输入文字内容，使用【移动】工具调整文字位置，并按

快捷键Ctrl+T应用【自由变换】命令调整文字大小。

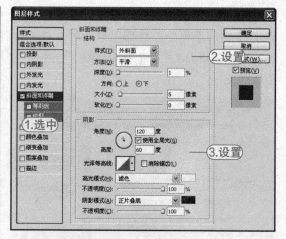

51 双击文字图层，打开【图层样式】对话框。在对话框中，选中【斜面和浮雕】样式选项，在【样式】下拉列表中选择【外斜面】，设置【深度】数值为1%，选中【下】单选按钮，设置阴影【高度】数值为60度，设置【高光模式】和【阴影模式】的【不透明度】数值为100%。

52 选中【内阴影】样式选项，设置【不透明度】数值为50%，然后单击【确定】按钮应用。

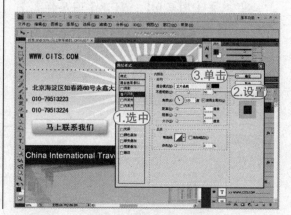

光盘使用说明

光盘内容及操作方法

本光盘为《轻松学》丛书的配套多媒体教学光盘，光盘中的内容包括书中实例视频、素材和源文件以及模拟练习。光盘通过模拟老师和学生教学情节，详细讲解电脑以及各种应用软件的使用方法和技巧。此外，本光盘附赠大量学习资料，其中包括3~4套与本书教学内容相关的多媒体教学演示视频。

将DVD光盘放入DVD光驱，几秒钟后光盘将自动运行。如果光盘没有自动运行，可双击桌面上的【我的电脑】图标，在打开的窗口中双击DVD光驱所在盘符，或者右击该盘符，在弹出的快捷菜单中选择【自动播放】命令，即可启动光盘进入多媒体互动教学光盘主界面。

光盘运行环境

★ 赛扬1.0GHz以上CPU
★ 256MB以上内存
★ 500MB以上硬盘空间
★ Windows XP/Vista/7操作系统
★ 屏幕分辨率1024×768以上
★ 8倍速以上的DVD光驱

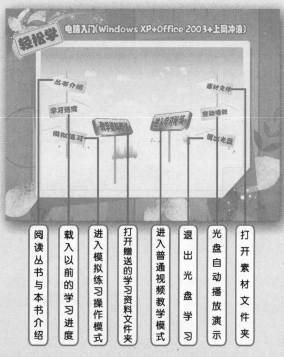

阅读丛书与本书介绍　　载入以前的学习进度　　进入模拟练习操作模式　　打开赠送的学习资料文件夹　　进入普通视频教学模式　　退出光盘学习　　光盘自动播放演示　　打开素材文件夹

普通视频教学模式

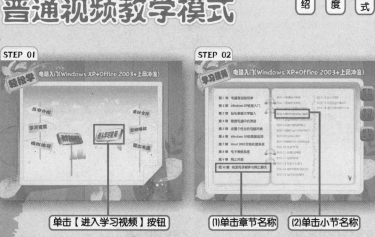

STEP 01　单击【进入学习视频】按钮

STEP 02　(1)单击章节名称　(2)单击小节名称

STEP 03

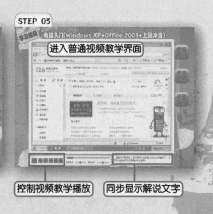

进入普通视频教学界面

控制视频教学播放　　同步显示解说文字

光盘使用说明

模拟练习操作模式

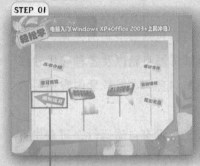
STEP 01

单击【模拟练习】按钮

STEP 02

(1) 单击章节名称　(2) 单击小节名称

STEP 03

进入模拟练习操作界面

在练习界面中根据提示进行操作

学习进度查看模式

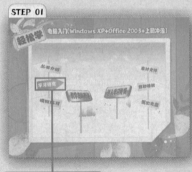
STEP 01

单击【学习进度】按钮

STEP 02

(2) 单击需要继续学习的小节名称　(1) 界面中显示每个实例的学习进度数值

STEP 03

此时从上次结束部分继续学习

自动播放演示模式

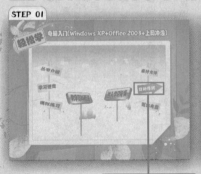
STEP 01

单击【自动播放】按钮

STEP 02

进入自动播放视频教学界面，用户无需动手操作，系统将播放整张光盘

> 在播放视频动画时，单击播放界面右侧的【模拟练习】、【学习进度】和【返回主页】按钮，即可快速执行相应的操作。

光盘播放控制按钮说明

视频播放控制进度条

颜色质量用于设置屏幕中显示颜色的数量，颜色的数量越多，效果就越逼真。

播放　上节　后退　暂停　快进　下节

控制背景和解说音量大小

文字解说提示框